環境社会検定試験® **持続可能な社会をわたしたちの手で**

eco検定

Certification Test for Environmental Specialists

|公式問題集|

2024
年版

東京商工会議所 監修

Think Globally. Act Locally.

JN104724

日本能率協会マネジメントセンター

刊行にあたって

　本書は、環境社会検定試験®（eco検定）の公式テキストに準拠し、実際に出題された過去問題の解説と、テキストに掲載されていない時事問題も含めた模擬問題を掲載しています。公式テキストと併用して学習していただき、検定試験合格への対策本としてご活用いただければ幸いです。

　eco検定は、単級（1・2・3級などの区分がない）の試験であることが特徴です。これは、より多くの方々に環境に関する幅広い基礎知識を身につけていただきたいということ、そして培った知識を活かし、環境問題の解決に向けてアクションを起こしていただきたいという意味を込めています。

　商工会議所では、幅広い環境問題の基礎的な知識をもち、そこから生まれるさまざまな問題意識を日常の行動に移そうとしているeco検定合格者の方のことを敬意をこめて＜エコピープル＞と呼んでいます。

　過去に実施の検定試験により、37万人を超えるエコピープルが誕生しております。皆さまも、ぜひeco検定に合格し、エコピープルの仲間に加わってくださるようお願い申し上げます。

東京商工会議所

◉2024年版環境社会検定試験（eco検定） 公式問題集 目次

eco 検定模擬問題 3

eco 検定模擬問題 4

eco 検定模擬問題 5

解答解説

本書を効果的にご利用いただくために

🌿 本書の内容

本書は『改訂9版 eco検定公式テキスト』（以下、公式テキスト）に対応したeco検定の公式問題集です。以下で効果的なご利用方法を紹介します。

本書の構成
①eco検定受験ガイド
②出題傾向、学習ガイド
③模擬問題（5回分、IBT・CBT過去問題含む）
④解答解説

🌿 本書の使い方

●eco検定の試験概要を知ろう！ eco検定受験ガイド

まずはeco検定の試験概要を押さえていきましょう。検定の趣旨や試験の申込、そして受験者データ等を紹介しています。

●学習する皆さんへのアドバイス！ 学習ポイント

問題の形式と分野別の学習のポイントを紹介します。学習のポイントは、公式テキストの章に沿って詳しくアドバイスしていきます。公式テキストと一緒に読み進めていきましょう。

> 習をするという姿勢を忘れずにいてください。公式テキストの全範囲を学習すると、全体がみえてきます。関連する用語は章立てにこだわらず、結びつけて、理解を確かなものとしていきましょう。
>
> **🌿公式テキスト第1章 持続可能な社会に向けて**
>
> 第2章以降を学習する前に理解しておきたい、環境問題への取組みの流れが述べられています。リオの**地球サミット**から、リオ＋10、リオ＋20、2030アジェンダと国際的な会議も概観しておきましょう。
>
> 持続可能な社会のための目標や指標、評価として、**SDGs**や人間開発指数（HDI）、エコロジカル・フットプリントなどがあります。
>
> 特に、SDGsはこれからの世界の指針となるものであり、17の目標や、その普遍性、統合性についても意識していく必要があります。
>
> 国内においては**公害対策**から**環境政策**へと取組みが進展し、1990年代には法整備も進みました。
>
> 地球環境問題については、グローバルな動き——国際公約や、国際協調、国際会議での合意などを受けて、国内の体制の整備が進んでいくと

公式テキストの
該当部分を確認
しましょう！

●豊富な問題で実践力をアップ！　模擬問題（IBT・CBT過去問題含む）

　実際のIBT・CBT試験で出題された過去問題（一部改変あり）を含む模擬問題5回分を収録しています。問題を解くことで、公式テキストの内容についてより理解を深めていくことができるでしょう。また、検定試験の出題傾向に慣れることもできます。問題を解くのに慣れてきたら、時間を測って解きましょう。

　問題には採点用の解答用紙をつけていますので、コピーをしてくり返し演習しましょう。

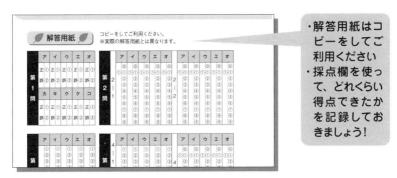

・解答用紙はコピーをしてご利用ください
・採点欄を使って、どれくらい得点できたかを記録しておきましょう！

●問題を解いたら必ず復習！　解答解説

　問題を解いたら、必ず解答解説を読み、復習しましょう。本書では、それぞれの問題の詳しい解答解説を収録しています。

　また、公式テキストの該当ページも掲載しています。間違えてしまった問題、理解が不十分だった問題は、公式テキストに戻って復習すると、さらに理解を深めることができるでしょう。

・詳しい解説を収録
・間違えた問題は公式テキストで復習しましょう！

🖊 デジタル学習アプリの使い方

　本書は、スマートフォン、タブレット、パソコンで利用可能なデジタルコンテンツ（デジタルドリル）でも学習することができます。デジタルドリルを利用することで、いつでもどこでも学習が可能です。

利用期限　：ご利用登録日から1年間　※利用登録期間は2024年5月1日〜2025年4月30日
使用開始日：2024年5月1日

▶推奨環境（2024年3月現在）※ご利用の端末の状況により、動作しない場合があります。

〈スマートフォン・タブレット〉
・Android 8以降
・iOS10以降

〈PC〉
・Microsoft Windows10、11
　ブラウザ：Google Chrome、Mozilla Firefox、Microsoft Edge
・macOS
　ブラウザ：Safari

▶利用方法

①　スマートフォン、タブレットをご利用の場合
　　→Google PlayまたはApp Storeで「ノウン」アプリをインストールしてください。
　　パソコンをご利用の場合
　　→②へ

②　書籍に付属のカードを切り取り線に沿って開いてください。

③　スマートフォン、タブレット、パソコンのWebブラウザで下記URLにアクセスして「アクティベーションコード入力」ページを開きます。カードに記載のアクティベーションコードを入力して「次へ」ボタンをクリックしてください。

　　　　［アクティベーションコード入力］
　　　　https://knoun.jp/activate

④-a　ノウンのユーザー ID をお持ちの
　　方は「ログイン」の入力欄にユーザー
　　ID、パスワードを入力し、「ログイン」
　　ボタンをクリックしてください。

④-b　初めて「ノウン」をご利用に
　　なる方は、「ユーザー登録はこち
　　ら」からユーザー登録を行って
　　ください。

⑤　ログインまたはユーザー登録を行う
　　と、コンテンツが表示されます。

⑥　「学習開始」ボタンをクリッ
　　クするとスマートフォンまたは
　　タブレットの場合は、ノウンア
　　プリが起動し、コンテンツがダ
　　ウンロードされます。パソコン
　　の場合は、Web ブラウザで学習
　　が開始されます。

［ログインページ］
http://knoun.jp/login

⑦　2 回目以降の学習
　　スマートフォン、タブレット：ノウンアプリから
　　ご利用ください。
　　パソコン：下記の「ログイン」ページ*からログ
　　インしてご利用ください。

●「ノウンアプリ」に関するお問い合わせ先：NTT アドバンステクノロジ
　※ノウンアプリのメニューの「お問い合わせ」フォームもしくはメール（support@knoun.jp）
　　にてお問い合わせください。

eco 検定受験ガイド

eco検定とは

🍃 一人ひとりの環境活動をサポート

　環境に関する技術やモノづくりは日々研究が進み、環境問題解決のためのシステムの構築なども着々と進められています。しかし、それを動かし、活かすのはまさに"人"です。eco検定では、環境に関する幅広い知識をもとに、率先して環境問題に取り組む"人づくり"と、環境と経済を両立させた「持続可能な社会」の促進をめざしています。

🍃 活躍のフィールド

　社会全体で環境問題への意識が高まる中、eco検定合格者（エコピープル）の活躍がますます期待されるようになってきました。eco検定合格には次のような意義があります。

企業に お勤めの方	・企業の社会的責任（CSR）やSDGs（持続可能な開発目標）への対応、今後の環境ビジネスの展開に向けて、知識を活用できるようになります。 ・合格する社員が増えることで、企業のイメージアップにつながります。 ・ISO取得後の継続学習の一環として、社員の意識改革や自己啓発にも役立てられます。
学生の方	・環境保全に取り組んでいる企業・団体などへの就職活動や進学時のアピールになります。 ・知識の幅を拡げ、国際的な視野でこれからの社会の姿を考えられるようになります。
一般の方	・日常生活の中で、環境に配慮した生活知識を身につけることができます。 ・環境への知識をもとに、地域再生や地域振興のために活動していただくことも期待されています。

試験概要

2024年度　試験の予定

	試験期間	申込期間
第36回	7月12日（金）〜8月1日（木）	6月7日（金）〜6月18日（火）
第37回	11月15日（金）〜12月5日（木）	10月11日（金）〜10月22日（火）

試験方式・使用機器

● IBT（Internet Based Testing・インターネット経由での試験）
受験者ご自身のパソコン・インターネット環境を利用し、受験いただく試験方式です。受験日時は所定の試験期間・開始時間から選んでお申込みいただきます。

● CBT（Computer Based Testing・全国各地のテストセンターのパソコンでの試験）
各地のテストセンターにお越しいただき、備え付けのパソコンで受験いただく試験方式です。受験日時は所定の試験期間・開始時間から選んでお申込みいただきます。
※受験料の他に CBT 利用料 2,200 円（税込）が別途発生します。

受験環境

・IBTは自宅や会社等インターネットがつながる場所で行います。（必要な機材含め、受験者ご自身でご手配いただく必要があります）
・CBTは全国各地のテストセンターで行います。

🖋 出題範囲

公式テキストの知識と、それを理解した上での応用力を問います。出題範囲は、基本的に公式テキストに準じますが、最近の時事問題についても出題します。

🖋 試験時間

90分

🖋 合否の基準

100点満点とし、70点以上をもって合格とします。

🖋 受験料

5,500円（税込）

🖋 対策講座

東京商工会議所では、環境社会検定試験®（eco検定）の学習支援の一環として、オンデマンド受験対策講座を提供しています。スマホ1台で「いつでも、どこでも、手軽に」学習が進められます。

▲対策講座
ウェブサイト

🖋 問合せ先

東京商工会議所 検定センター
https://kentei.tokyo-cci.or.jp

▲東京商工会議所
検定試験情報
ウェブサイト

受験者データ

eco 検定試験結果

累計受験者数は約62万人で、これまでに37万人以上の方が合格しています（2023年12月末時点）。

	実受験者数	合格者数	合格率
2021年度	32,929人	24,459人	74.3%
2022年度	38,300人	24,711人	64.5%
2023年度	37,362人	20,192人	54.0%

eco 検定受験者の業種（2023 年度）

eco検定は、学生から社会人までさまざまな方が受験しています。
また、社会人の方の業種もさまざまです。

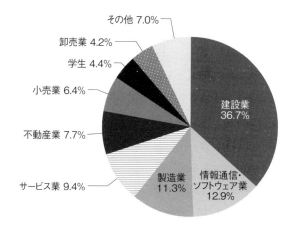

その他 7.0%
卸売業 4.2%
学生 4.4%
小売業 6.4%
不動産業 7.7%
サービス業 9.4%
製造業 11.3%
情報通信・ソフトウェア業 12.9%
建設業 36.7%

出題傾向、学習ガイド

eco検定の出題傾向

出題内容

　基本的には『**改訂9版　eco検定公式テキスト**』（以下、公式テキスト）に準じて出題されます。その他、環境に関する時事問題も出題範囲ですが、基本的には公式テキストの学習をベースとしてください。

公式テキストに基づく問題	公式テキストの知識と、それを理解した上での応用力を問うもの
その他	基本的に公式テキストに準じますが、環境に関する時事問題についても出題されます

出題分野の内訳

　過去の公開試験における分野別の出題割合の内訳をまとめました。IBT/CBT試験のため出題内容は受験ごとに変動します。目安として参考にしてください。

公式テキスト	テーマ	主な分野	出題割合
第1章	持続可能な社会に向けて	・環境問題とは ・取り組みの歴史（世界・国内） ・持続可能な社会 ・地球サミットをはじめとする国際的なアプローチ	9.5%
第2章	地球を知る	・生命・大気・水（海・川） ・森林・土壌・生態系	5.4%
		・人口・経済と環境負荷 ・食料・鉱物資源・貧困・格差	5.4%
第3章	環境問題を知る	・地球温暖化対策 ・脱炭素社会（低炭素社会）	8.3%
		・エネルギー	8.3%
		・生物多様性・自然共生社会 ・エコツーリズム	10.7%
		・オゾン層・水資源・海洋汚染 ・酸性雨や黄砂・森林破壊 ・土壌劣化・砂漠化	5.4%

第3章	環境問題を知る	• 廃棄物・不法投棄 • 循環型社会（3R）	10.1%
		• 地域規模の環境問題 • 大気汚染・水質汚濁 • 水環境保全・土壌環境 • 都市型公害（騒音・振動・悪臭） • 都市化に伴う環境問題 • 交通に伴う環境問題 • ヒートアイランド	8.9%
		• 化学物質	3.0%
		• 震災関連・放射性物質 • 放射性廃棄物	2.4%
第4章	持続可能な社会に向けたアプローチ	• 環境の計画と原則 • 環境教育・環境アセスメント • 国際社会における日本の役割	6.5%
第5章	各主体の役割・活動	• 各主体の役割、活動 　（国際機関、政府、自治体、国や地方の公的な主体）	1.2%
		• 企業の社会的責任（CSR） • 環境マネジメントシステム • 環境コミュニケーション • 製品の環境配慮・企業活動（第1次産業、6次産業化も含む）	6.5%
		• 市民のかかわり • ライフスタイルと環境 • 消費者、生活者、地域住民、納税者、有権者として	4.2%
		• NGO・NPO • ソーシャルビジネス	0.6%
第6章	エコピープルへのメッセージ	• 大局観的な考え方 • 将来像・めざすべき社会 • 地球人としての責任	0.6%
時事その他			3.6%

※四捨五入のため合計は100%になりません

　出題箇所は公式テキストの全範囲です。複数の章にまたがる内容もあり、多岐にわたっています。

　また、公式テキストの本文はもちろんのこと、脇注の解説や図表等を含め、**公式テキスト全体を網羅**できるように、しっかりと時間をとって、**全範囲を学習できる計画を立てること**をおすすめします。

🖋 出題形式

主に次の5つの形式に沿って出題される傾向があります。

形式	概要
正誤判定	文章の内容が正しいか間違っているかを判断する
語句・短文選択	文章をふまえて適切な語句や短文を選択する
語句の穴埋め	図表や文章に入る適切な語句を選択する
長文読解選択問題	文章に関連した設問に答える
文章4択問題	適切または不適切な文章を選択する

　問題の形式に慣れておくためにP.28以降の過去の試験問題や模擬問題を活用してください。制限時間は90分ですので、限られた時間内で、多くの設問文を読み、それぞれの答えを迅速に選んでいく力が求められます。

　語句選択問題の語群に、公式テキスト外の事項・語句が入っていることもありますが、時事・テキスト外の問題が占める割合はそれほど高くなく、日頃から環境分野に関心があれば解ける問題が多いです。あわてずに公式テキストで学習したことをベースに解いていきましょう。

　いずれの形式であっても、学習時に用語の意味を正しく理解しておくことと、解答時に設問の文章の意味を正しく把握することが重要です。特に、図表や長文の「語句の穴埋め」形式の問題や、長文を用いた問題では、関連するトピック・用語を体系化して出題される問題もみられます。関連したトピック・用語はつながりを意識して学習しておきましょう。

　注意したいのは、「文章4択問題」形式の問題です。正誤判定を組み合わせた問題ですが、選択肢それぞれの文章を読む時間が必要です。事前に解き慣れておき、時間配分の目安を立てられるようにするとよいでしょう。「適切なものを選ぶ」のか、「不適切なものを選ぶ」のか、焦って勘違いしないように問題文をよく読んでから解答してください。

　また、これらの形式を組み合わせた複合型の問題であっても、基本的な解き方は同じです。学習したことをベースにして落ち着いて解いていきましょう。

分野別学習のポイント

　以下では、各分野の学習のポイントを公式テキストの目次に沿って紹介していきます。公式テキストとあわせて読み進めていきましょう。

　なお、学習上、用語の意味を理解していくことが、とても重要です。しかし、これを暗記としてとらえてしまうと、試験が終わったら忘れてしまいます。**考え方や意味を理解して、それをベースにおいて用語の学習をする**という姿勢を忘れずにいてください。公式テキストの全範囲を学習すると、全体がみえてきます。関連する用語は章立てにこだわらず、結びつけて、理解を確かなものとしていきましょう。

公式テキスト第1章　持続可能な社会に向けて

　第2章以降を学習する前に理解しておきたい、環境問題への取り組みの流れが述べられています。リオの**地球サミット**から、**リオ＋10**、**リオ＋20**、**2030アジェンダ**と国際的な会議も概観しておきましょう。

　持続可能な社会のための目標や指標、評価として、**SDGs**やエコロジカル・フットプリントなどがあります。特に、SDGsは17の目標や、その普遍性、統合性についても意識していく必要があります。

　国内においては**公害対策から環境政策へ**と取り組みが進展し、1990年代には法整備も進みました。

　地球環境問題については、**グローバルな動き——国際公約や、国際協調、国際会議での合意などを受けて、国内の体制の整備が進んでいく**という流れもありました。

　こうした流れを意識しつつ、国内外の世論や産業界も注視する環境関連のニュースに関心を持つと、テキストの理解も深まるでしょう。

公式テキスト第2章　地球を知る

　地球や自然のメカニズムの学習では、**図や構造で理解したりすること が効果的**です。さまざまな現象は、その用語だけを覚えようとすると、うろ覚えになるかもしれません。関連する図やイメージを併用して学習しましょう。

水の循環、大気の循環、海洋の循環などの自然界における循環の恵み、人間を含む動物の食物連鎖を支える植物の恵み、奇跡的とも思える絶妙なバランスの上で私たちが暮らせる「環境」は成り立っています。

こうした**地球環境と生態系についての理解があってこそ、生態系の破壊や、温暖化をはじめとするさまざまな環境破壊の深刻さについて、本質的に理解できるようになります。**

試験の学習を通じて、あらためて、地球のメカニズムや、大気や水、森の役割などについて理解を深めていけるとよいでしょう。

そして、その地球で暮らしている人間と社会についても理解を広げましょう。人口問題や貧困、格差についても、基礎知識をもつと、ニュースの理解の度合いが変わってきます。これからは誰ひとり取り残さない共存できる社会の構築が求められているのです。

🍃 公式テキスト第3章　環境問題を知る

第3章は非常に広範な内容となっていますが、「何が、なぜ問題で、今どうなっているのか、そのしくみはどういうことか」と、さまざまな環境問題とその原因、それを防止するための対策や制度などを一連の流れで理解しておくことが求められます。特に、温暖化、エネルギー、生物多様性、廃棄物などの分野では、重要なキーワードが多いので、丸暗記ではなく、複数のトピック・用語を関連づけて学習しましょう。

〈地球温暖化〉

一口に温暖化といっても、そのスケールはさまざまです。温室効果ガスによる地球の温暖化もあれば、都市の温暖化もあります。その解決のためにめざすべき社会も、低炭素社会から脱炭素社会へとシフトしています。

また、これまでの**気候変動枠組条約締約国会議（COP）の開催場所と合意事項**を整理しておくことも背景の理解に役立ちます。地球温暖化の原因となる温室効果ガスの排出削減に向けて、温暖化対策の新ルール**「パリ協定」**が採択され、国際社会はすべての国の参加による脱炭素社会の構築に向けて歩みはじめています。パリ協定の内容と実施状況については、十分な理解が必要です。

アメリカは、トランプ大統領（当時）の意向で、2020年11月にパリ協定から離脱しました。離脱の動きに対し、ドイツ、フランス、イタリアなどは遺憾の意を表明しました。アメリカ国内でも温暖化対策は必要だと声をあげた州や企業、政党もありました。その後、アメリカのバイデン大統領は脱退を撤回し、再びパリ協定に復帰しました。アメリカも日本と同様に2050年までのカーボンニュートラルを達成することを表明しています。

〈エネルギー〉

　エネルギーは、政治・経済にも生活にも結びつきが深く、情勢に変化があるとニュースでも取り上げられやすい傾向があります。

　定期点検に伴う原子力発電所の発電停止や、再稼動の可否をめぐる議論、「脱原発」を求める声の高まりなどがみられたときは、社会全体においてエネルギー政策への注目が集まりました。今後、長い目で見れば、再生可能エネルギーの普及、推進と合わせて、エネルギー消費量を削減する取り組みが必要です。2018年に決定された日本の第5次エネルギー計画は「３Ｅ＋Ｓ」の実現をベースにしつつ、脱炭素化、環境適合性を意識したものとなっています。環境と経済を両立するにはどうすればよいか。ロシアのウクライナ侵攻や、円安によるエネルギー価格の高騰もあり、原子力発電や国内で生産できる自然エネルギーへの注目も再び高まっています。

　この分野は日進月歩です。新しい情報を取り込むための土台としてください。

〈生物多様性・自然共生社会〉

　この分野も、問題の把握に加えて、**自然共生社会**や**エコツーリズム**まで、一連の流れで理解していきましょう。

　何が環境破壊の原因なのかを理解することは、それを**未然に防ぐ手だて**を考えることにもつながります。環境破壊が起きないよう、再発しないよう罰則を設けて取り締まるというだけでは、失ったものの再生は図れません。**破壊を防ぎ「再生していく」**という考え方に根ざして、日本の環境行政も公害対策から環境保全へとシフトしています。

〈循環型社会〉

　廃棄物の処理や取り扱いの適正さを守っていくためには、さまざまな規定や基準を設けるのが一般的です。廃棄物に関しては、**廃棄物処理法**に基づく区分や、**不法投棄の問題**などが出題されました。また、**放射性廃棄物**や**産業廃棄物**についても記述されています。近年、海洋プラスチック、使い捨てプラスチックも国際的な問題として扱われています。さまざまな事例については、『環境白書・循環型社会白書・生物多様性白書』などによってイメージをとらえ、どのような対策が講じられているか確認しておくとよいでしょう。

　廃棄物については、リサイクルはもちろんのこと、いかに廃棄物を出さないようにするか、**しくみの段階から廃棄物ゼロに取り組む**ことも、根源的な未然防止の考え方といえます。

〈地域環境問題〉

　都市人口の増加に伴い、都市の問題であるヒートアイランド現象や都市型洪水などが生じています。環境に配慮した、持続可能な都市のあり方も求められます。まちづくりへの挑戦として地域循環共生圏やSDGs未来都市、コンパクトシティの考え方も理解しておきましょう。

　そのほか、化学物質、震災関連・放射性物質についても第3章に含まれています。

公式テキスト第4章　持続可能な社会に向けたアプローチ

　日本の**環境政策**である環境基本法や環境基本計画のほか、**原則**、**手法**、**環境教育**、**環境アセスメント**などが盛り込まれています。原理や原則だけを覚えるよりも、体系化してとらえることが重要です。他の章の内容などと関連づけて覚えるか、図や表で整理していくのがよいでしょう。

公式テキスト第5章　各主体の役割・活動

〈パブリックセクター〉

　国際機関、政府、自治体などパブリックセクターの取り組みがあげられています。特に、国連は多くの専門機関や関連機関を有しています。国による取り組みについては、立法、行政、司法の面から解説されてい

ます。地方自治体も住民参加型や独自の取り組みなどを行っています。

〈企業などの取り組み〉

環境対策は将来の世代や地球環境のことを考えて行う取り組みですから、目先の利益を追うやり方とは相いれない部分もあります。しかし、見方を変えれば、将来のとても大きな損失を回避することにつながっているといえます。また、企業活動による社会や個人への影響度が高まっていることを受け、企業も社会を構成する一員として、持続的な社会を構築する取り組みに積極的に参加し、責任を果たすことが求められています。環境配慮、社会貢献に企業統治を加えたESG投資もその表れです。

環境の視点から経済・経営を見ることは、部分最適から全体最適を考えることや、短期利益から長期利益への発想の転換を図ることであり、マネジメントの根幹において必要なことといえます。

〈個人・市民としての行動やライフスタイル〉

環境問題を考える際、地球規模で見ることも大事ですが、生活者の視点で「暮らしと環境」を考えていくことも重要です。普段の暮らしをしながらエコについて取り組めなければ、日々の活動にはなりません。

住まいの中の環境問題として、**アスベスト**や**VOC**が原因で起こる**シックハウス症候群**のほか、今後、**再生可能エネルギー**への社会ニーズや、**ZEH**、スマートハウスなどにも注目が集まるかもしれません。また、移動への取り組みとしてCOOL CHOICEのスマートムーブなどもあります。

〈NPOなど〉

NPOや**NGO**、**ソーシャルビジネス**に関する事柄に加えて、各主体の連携による地域協働の取り組みについても知っておきましょう。自然のつながりや経済のつながりをつくり、農山漁村、里山、都市が支え合っていくための中間支援機能も期待されています。

公式テキスト第6章　エコピープルへのメッセージ

エコが身近なことであり、国際的なことでもある、ということを前提としつつ、そのビジョンや考え方まで問いかけていく部分です。環境と

共生するために重要な、示唆に富んだ考え方を理解してください。第5章までの内容を理解しておくと、第6章は理解しやすいといえます。

🖊 時事問題対策

　時事・社会的なトピックに日ごろから関心をもっておくことは学習にプラスになります。そこで活用したいのが『環境白書・循環型社会白書・生物多様性白書』です。下記のwebサイトで見ることができます。

環境白書・循環型社会白書・生物多様性白書
https://www.env.go.jp/policy/hakusyo/
こども環境白書
https://www.env.go.jp/policy/hakusyo/kodomo.html

　同白書は、基本的な報告書であり、環境に関するその時代の重要な情報が載っています。また、『こども環境白書』は、テーマや見せ方が工夫されており、ビジュアル的にも理解しやすく、知識と生活を結びつけ、子どもたちに環境問題を理解してもらうことをねらいとしています。環境教育に関心のある大人の方にもおすすめです。

　その他、環境問題や環境に関する情報の入手先としては、以下のwebサイトが広く利用されています。

緑のgoo環境用語集	https://www.goo.ne.jp/green/business/word/
環境イノベーション情報機構（EIC）	https://www.eic.or.jp/
エコピープル支援事業	https://kentei.tokyo-cci.or.jp/eco/people/

　なお、「エコピープル支援事業」では、イベントなどの情報が発信されています。ここはeco検定合格者（エコピープル）のみならず、積極的に環境活動を展開したい方、より理解を深めたい方のための情報源といえます。

　環境問題はますますグローバル化・複雑化していますが、どれもわたしたちの生活に密接につながっています。検定試験へのチャレンジを通して知識を習得し、体系立てて理解を深めましょう。そして、その土台をもとに、常に新しい情報を取り込んで広い視野を醸成してください。

eco検定模擬問題1

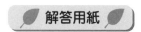

コピーをしてご利用ください。
※実際の解答用紙とは異なります。

第1問

	ア	イ	ウ	エ	オ
	正①	正①	正①	正①	正①
	誤②	誤②	誤②	誤②	誤②
	カ	キ	ク	ケ	コ
	正①	正①	正①	正①	正①
	誤②	誤②	誤②	誤②	誤②

第2問

2－1

	ア	イ	ウ	エ	オ
	⓪	⓪	⓪	⓪	⓪
	①	①	①	①	①
	②	②	②	②	②
	③	③	③	③	③
	④	④	④	④	④
	⑤	⑤	⑤	⑤	⑤
	⑥	⑥	⑥	⑥	⑥
	⑦	⑦	⑦	⑦	⑦
	⑧	⑧	⑧	⑧	⑧
	⑨	⑨	⑨	⑨	⑨

2－2

	ア	イ	ウ	エ	オ
	⓪	⓪	⓪	⓪	⓪
	①	①	①	①	①
	②	②	②	②	②
	③	③	③	③	③
	④	④	④	④	④
	⑤	⑤	⑤	⑤	⑤
	⑥	⑥	⑥	⑥	⑥
	⑦	⑦	⑦	⑦	⑦
	⑧	⑧	⑧	⑧	⑧
	⑨	⑨	⑨	⑨	⑨

第3問

	ア	イ	ウ	エ	オ
	①	①	①	①	①
	②	②	②	②	②
	③	③	③	③	③
	④	④	④	④	④
	カ	キ	ク	ケ	コ
	①	①	①	①	①
	②	②	②	②	②
	③	③	③	③	③
	④	④	④	④	④

第4問

	ア	イ	ウ	エ	オ	カ	キ	ク	ケ	コ
	⓪	⓪	⓪	⓪	⓪	⓪	⓪	⓪	⓪	⓪
	①	①	①	①	①	①	①	①	①	①
	②	②	②	②	②	②	②	②	②	②
	③	③	③	③	③	③	③	③	③	③
	④	④	④	④	④	④	④	④	④	④
	⑤	⑤	⑤	⑤	⑤	⑤	⑤	⑤	⑤	⑤
	⑥	⑥	⑥	⑥	⑥	⑥	⑥	⑥	⑥	⑥
	⑦	⑦	⑦	⑦	⑦	⑦	⑦	⑦	⑦	⑦
	⑧	⑧	⑧	⑧	⑧	⑧	⑧	⑧	⑧	⑧
	⑨	⑨	⑨	⑨	⑨	⑨	⑨	⑨	⑨	⑨

第5問

	ア	イ	ウ	エ	オ
	①	①	①	①	①
	②	②	②	②	②
	③	③	③	③	③
	④	④	④	④	④

第6問

	ア	イ	ウ	エ	オ	カ	キ	ク	ケ	コ
	①	①	①	①	①	①	①	①	①	①
	②	②	②	②	②	②	②	②	②	②
	③	③	③	③	③	③	③	③	③	③
	④	④	④	④	④	④	④	④	④	④

第7問

	ア	イ	ウ	エ	オ
	①	①	①	①	①
	②	②	②	②	②
	③	③	③	③	③

第8問

	ア	イ	ウ	エ	オ	カ	キ	ク	ケ	コ
	①	①	①	①	①	①	①	①	①	①
	②	②	②	②	②	②	②	②	②	②
	③	③	③	③	③	③	③	③	③	③
	④	④	④	④	④	④	④	④	④	④

	ア	イ	ウ	エ	オ	ア	イ	ウ	エ	オ
第9問 9-1	⓪①②③④⑤⑥⑦⑧⑨	⓪①②③④⑤⑥⑦⑧⑨	⓪①②③④⑤⑥⑦⑧⑨	⓪①②③④⑤⑥⑦⑧⑨	⓪①②③④⑤⑥⑦⑧⑨					
第9問 9-2						⓪①②③④⑤⑥⑦⑧⑨	⓪①②③④⑤⑥⑦⑧⑨	⓪①②③④⑤⑥⑦⑧⑨	⓪①②③④⑤⑥⑦⑧⑨	⓪①②③④⑤⑥⑦⑧⑨

第10問	ア	イ	ウ	エ	オ
	①②③④	①②③④	①②③④	①②③④	①②③④

模擬1 問題

採点表

		1 回 目	2 回 目	配 点
第 1 問		点	点	10点
第2問	2-1	点	点	5点
	2-2	点	点	5点
第 3 問		点	点	10点
第 4 問		点	点	10点
第 5 問		点	点	10点
第 6 問		点	点	10点
第 7 問		点	点	10点
第 8 問		点	点	10点
第9問	9-1	点	点	5点
	9-2	点	点	5点
第 10 問		点	点	10点
合　計		点	点	合 格 基 準 70点

次の文章のうち、内容が正しいものには①を、誤っているものには②を選びなさい。

IBT・CBT過去出題問題 （各1点×10）

ア 日本の総人口は、2008年の約1億3,000万人をピークに年々減少し、2065年までに9千万人を割り込み、少子化、高齢化が進むと予測されている。

イ 持続可能な開発目標（SDGs）には、持続可能な社会の重要な要素である5つのPとして、People（人間）、Planet（地球）、Prosperity（繁栄）、Partnership（パートナーシップ）とPeace（平和）が掲げられている。

ウ 世界人口は2022年11月に80億人になったが、人口増加率は世界全体でみると徐々に鈍化しており、2100年まで90億人に達することはないと推計されている。

エ エコロジカル・フットプリントとは、環境が生物を収容しうる能力の量的表現として生態系を破壊することなく保持できる最大収量、最大個体数、最大種類数などを指す。

オ 世界の漁業・養殖業生産量の推移をみると、海で漁をする海面漁業や、川や池などで漁をする内水面漁業の生産量は1990年以降横ばいとなっているが、内水面養殖業や海面養殖業は増加傾向にあり、現在では、漁業と養殖業は、ほぼ同じ生産量になっている。

カ 地球温暖化とは、大気中の温室効果ガスの濃度が高くなることにより、地球表面付近の温度が上昇することである。

キ 揚水発電は、温泉水などによって沸点の低い媒体を加熱・蒸発させてその蒸気でタービンを回し発電する方式である。

ク 使用済みの製品が廃棄される際のリサイクルや処分の費用には「先払い」と「後払い」がある。自動車リサイクルにかかる費用は自動車を購入する際に支払う「先払い」である。

ケ 1972年、スウェーデンのストックホルムで開催された国連人間環境会議では、環境問題が地球規模で人類共通の課題になってきたことから、"かけがえのない地球"が会議のテーマであった。

コ 近年、冬が暖かくなっており、気象庁のデータによれば、冬日が少なくなっている。冬日とは1日の最高気温が0℃未満の日のことである。

第2問 2-1
「大気汚染とその対策」について述べた、次の文章のア〜オの [ ] の部分にあてはまる最も適切な語句を、下記の語群から1つ選びなさい。

IBT・CBT過去出題問題 （各1点×5）

　大気汚染は、大気中に人為的に放出された有害な物質が、人の健康や生態系に影響を及ぼすものである。放出源は、工場や発電所などの [ア] からの排出、自動車などからの排出、建設解体改修現場からの排出に分類することができる。

　硫黄酸化物は主に工場から排出され、ぜんそくなどの呼吸器障害を引きおこす。窒素酸化物や [イ] は工場だけではなく自動車からの排出も問題であり、呼吸器に悪影響を及ぼす。

　[ア] からの排出については、[ウ] による排出基準、総量規制基準、公害防止協定の締結などにより大きく減少している。

　自動車からの排出については、自動車排ガスの許容限度の設定、自動車NOx・PM法などの法律による規制が行われている。また東

京、神奈川、千葉、埼玉、愛知などでは、[イ]の排出基準を満たさないディーゼル車の[エ]規制が導入され、大きな効果を上げている。さらには、エコドライブ推進や、公共交通機関と自家用車の利用を組み合わせる[オ]による取組も行われている。

建設解体改修現場については、解体改修作業からのアスベストの飛散が懸念されており、[ウ]や労働安全衛生法などにより規制が行われている。

[語群]

①移動発生源　　　　②固定発生源　　　　③面的汚染源
④粒子状物質　　　　⑤二酸化炭素　　　　⑥メタン
⑦悪臭防止法　　　　⑧大気汚染防止法　　⑨廃棄物処理法
⑩流入　　　　　　　⑪販売　　　　　　　⑫廃棄
⑬カーシェアリング　⑭パークアンドライド
⑮ITC（高度道路交通システム）

第2問

2-2
「衣料品と環境」について述べた、次の文章のア～オの[　]の部分にあてはまる最も適切な語句を、下記の語群から1つ選びなさい。 IBT・CBT過去出題問題 （各1点×5）

衣料品も他の様々な製品と同様、[ア]でつながった原料の調達、製品の製造、使用、廃棄の各段階で環境に影響を及ぼす。例えばコットンは、綿花栽培時に灌漑などにより大量の水を消費し、さらに染色にも大量の水を消費することから、綿製品のウォーターフットプリントは高い値を示している。また綿花生産時に、多くの農薬や化学肥料を使用することなどが問題になることもある。消費者としては、[イ]の認証のある製品を購入し、環境負荷や労働環境にも配慮した綿花生産を支援することができる。

また石油由来の合成繊維を洗濯すると、細かな糸くずが発生し排水とともに流出、下水処理場をすり抜け、海に流れ込んでおり、近年問題となっている［ウ］の発生源の一つになることも指摘されている。

衣料品の消費・廃棄の量についてもかえりみる必要がある。環境省の推計（2020年）によると、国内で衣料品は年間81.9万トン新しく供給されるが、同じ1年間に78.7万トンの衣料品が手放される。そのうち、古着などとして［エ］されるものは15.4万トン、機械掃除用のウエスなどリサイクルに回るものは12.3万トンにとどまる。廃棄されるものは51.2万トンで、手放される衣料品の約65％を占める。最新の流行を取り入れながら低価格の商品を短いサイクルで大量に生産販売する［オ］は、衣料品の大量生産・大量廃棄につながると指摘されている。

ファッション・アパレル業界においても、衣料品の素材、調達、廃棄全体を視野に入れた商品作りが求められる。また、近年フリマアプリの台頭など衣料品の中古市場が拡大しており、消費者もこれらの利用を通して衣料品の生産・廃棄量の削減に貢献できる。

［語群］

①ディマンドレスポンス	②広域処理
③サプライチェーン	④オーガニックコットン
⑤RSPO	⑥FSC
⑦ダイオキシン	⑧マイクロプラスチック
⑨栄養塩類	⑩リデュース
⑪デポジット	⑫リユース
⑬ストリートファッション	⑭ファストファッション
⑮リサイクルファッション	

ア 生態系や、人の生命・身体、農林水産業に被害を及ぼすもの、または及ぼすおそれのある、もともとその地域にいなかったのに、人間活動によってほかの地域から入ってきた生物のこと。法律で、飼育・栽培、保管、運搬、販売・譲渡、輸入、野外への放出などが禁止されている。

①遺伝子組換え生物　　　　　　②特定外来生物
③絶滅のおそれのある野生生物　④狩猟鳥獣

イ 市街化区域等における低炭素まちづくり計画を作成し、低炭素建築物の普及などの取り組みを推進する法律。

①建築物省エネ法　　　　　　　②改正土地基本法
③再生可能エネルギー特別措置法　④エコまち法

ウ 対象項目や運用技術など、地域の実情に合わせて法律や条例による規制を補完する形で、きめ細かな対策を盛り込んだ、大気汚染などの環境汚染対策について地方公共団体と企業の間で交わされる約束のこと。

①クリーン開発メカニズム　　②環境アセスメント
③公害防止協定　　　　　　　④総量規制制度

エ 常時蒸気を噴出させることにより、発電が連続して行われる発電所。

①地熱発電　　　　　　　　　②メガソーラー
③小水力発電　　　　　　　　④揚水発電

オ 使用後のペットボトルを原材料として再利用できるようにして、繊維や卵パックなど、ほかの製品の素材として活用すること。

①リユース　　　　　　　　　②リサイクル

③ライフサイクルアセスメント　　　④レジリエンス

カ ツル性の植物を、建物の壁面や窓の外に張ったネットなどに這わせて覆っていく取り組み。
①クールスポット　　　　　　②屋上緑化
③緑の回廊　　　　　　　　　④緑のカーテン

キ 日本をはじめ、各国で新型コロナウイルス治療薬の開発が進められている。このような医薬品研究開発の支援が規定されている持続可能な開発目標（SDGs）の目標。

①  飢餓を終わらせ、食糧安全保障及び栄養改善を実現し、持続可能な農業を促進する（目標2）

②  あらゆる年齢の全ての人々の健康的な生活を確保し、福祉を促進する（目標3）

③ レジリエントなインフラ構築、包摂的かつ持続可能な産業化の促進及びイノベーションの拡大を図る（目標9）

④ 包摂的で安全かつレジリエントで持続可能な都市及び人間居住を実現する（目標11）

ク 欧州連合（EU）における製品の環境配慮に関する法規制化のうち、約3万種類の化学物質の毒性情報などの登録・評価・認定を義務づけ、安全性が確認されていない物質を市場から排除していこうという考え方に基づいて制定された仕組み。

①スコープ3 ②WEEE 指令
③REACH 規則 ④RoHS 指令

ケ　エボラ出血熱や、AIDS など、かつて知られていなかった新しく認識された感染症で、局地的あるいは国際的に、公衆衛生上問題となる感染症のこと。
①人獣共通感染症 ②新興感染症
③再興感染症 ④パンデミック

コ　例年秋に開催される、国際協力活動、社会貢献活動、SDGs、ODAなどに取り組む官民さまざまな団体が一堂に会する国内最大級の国際協力イベント。
①100 万人のキャンドルナイト
②クラウド・ファンディング
③グローバルフェスタ JAPAN
④FOOD ACTION NIPPON

第4問　「持続可能な開発」について述べた次の文章のア〜コの [ ] の部分にあてはまる最も適切な語句を、下記の語群から1つ選びなさい。　IBT・CBT 過去出題問題　（各1点×10）

　1950-60 年代、先進各国は、高度経済成長と同時に激しい大気汚染、水質汚濁、土壌汚染を経験した。これに対しローマクラブは、人口増加や工業投資がこのまま続くと地球の有限な天然資源は枯渇し、環境汚染は自然が許容しうる範囲を超えて進行してしまうとし、[ア] を発表した。1970-80 年代、世界は一転してオイルショックとその後の経済停滞を経験し、開発や発展のあり方の見直しが求められた。その後、WCED（環境と開発に関する世界委員会）が1987 年に提示したのが持続可能な開発の考え方である。持続可能

な開発は、地球は有限であることを前提に、次の世代以降も存続しうる環境を残さなければならないとする [イ] が強調されている。同時に、先進国と途上国の格差をめぐる [ウ] の重要性も指摘している。

WCEDの報告を受け、1992年の地球サミットで合意された [エ] には持続可能な開発を実現していく上での指針や理念、原則が掲げられている。日本では、地球サミットを受けて1993年に制定された [オ] に持続可能な開発の考え方が盛り込まれている。

[語群]

①３Ｅ　　　　　　　②成長の限界　　　　　③デカップリング
④現世代内の公平性　⑤環境と経済の両立　　⑥世代間の公平性
⑦汚染者負担原則　　⑧人間環境宣言　　　　⑨カンクン合意
⑩ベオグラード憲章　⑪リオ宣言　　　　　　⑫生物多様性基本法
⑬環境基本法　　　　⑭公害対策基本法

21世紀に入り、持続可能な開発の考え方に基づく取組は大きく進展している。2000年には国連ミレニアムサミットが開催され、これを受けて、貧困や飢餓の撲滅など基本的なニーズへの取組を中心とした2015年までの国際社会共通目標である [カ] が設定された。2015年には国連持続可能な開発サミットにおいて「持続可能な開発のための2030アジェンダ」が採択され、その中で2030年までのグローバル目標としてSDGsが掲げられた。SDGsは、[カ] の後継目標としても議論されてきたが、「誰一人取り残さない」という [キ] の強調には、貧困層や脆弱な立場の人々への取組を後回しにしないとの意味も込められている。

SDGsは、持続可能な開発の取組について、従来の取組から進んだ視点も含んでいる。すべての国で取り組むとする [ク] は、開発援助の分野で広く見られた先進国と途上国の対立を超えていこうとする意思の表れでもある。また、国際機関、国、地方自治体、市民社会、ビジネス・民間セクター、科学者・学会などすべてステークホルダーが参画連携し、それぞれの役割を果たす [ケ] の重要性が

強調されている。

　国際社会の課題は各国政府だけでは解決できない。SDGsは、すべての人々にとっての共通言語とも言われており、企業においても理解や取組が進み、経営計画への組み込みも見られている。国連グローバルコンパクト、ESGに関連する諸イニシアティブ、さらには社会的責任の規格である［コ］などへの取組なども通じ、本業を通した社会・環境・経済の課題解決への貢献は不可欠なものになってきている。

[語群]
⑮ミレニアム開発目標（MDGs）　　⑯愛知目標
⑰WSSD2020年目標　　　　　　　⑱普遍性　　　　⑲透明性
⑳包摂性　　　　　　　　　　　　㉑統合性
㉒バックキャスティング　　　　　㉓アウトサイドイン
㉔パートナーシップ　　　　　　　㉕GRIガイドライン
㉖ISO26000　　　　　　　　　　　㉗ISO14001

第5問　次の問いに答えなさい。

（各2点×5）

ア　「土壌の役割」に関する次の①〜④の記述の中で、その内容が最も<u>不適切なもの</u>を1つだけ選びなさい。

　①物質循環の過程で、「生物ポンプ」が大気中のCO_2を炭素として土中に貯蔵する。
　②植物の根を張らせ、食料となる農作物や木材となる樹木の生長を支える。
　③物質循環の過程で、さまざまな物質を分解し、植物に養分（窒素

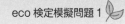

など）として供給する。

④水を浄化し、水を蓄える。

イ 国連環境計画（UNEP）によって行われたミレニアム生態系評価
で、「Ecosystem Service」として整理された4つのサービスに
関する次の①～④の記述の中で、その内容が最も<u>不適切なもの</u>を1
つだけ選びなさい。

①気候の調整や洪水制御など自然災害の防止と被害の軽減、疾病制
御や水の浄化などを「調整サービス」という。

②自然景観の審美的価値、自然物の宗教上の精神的価値、自然環境
の教育やレクリエーションの場の提供としての利用などを「文化
的サービス」という。

③栄養塩の循環、土壌形成、光合成による酸素の供給などを「生態
系サービス」という。

④わたしたちの暮らしは清純な大気や水、食料や住居・生活資材な
ど自然環境から受け取る「恵み」によって支えられており、この
自然の「恵み」の多くは、生態系の働きでつくり出されている。

ウ 「酸性雨」に関する次の①～④の記述の中で、その内容が最も<u>不適
切なもの</u>を1つだけ選びなさい。

①自然の雨も大気中の CO_2 により弱酸性を示すため、酸性雨は、
一般に pH5.6 以下の雨とされている。

②酸性雨は、欧米などの先進国だけでなく、中国や、東南アジアな
どの途上国にも広がっている。

③酸性雨による深刻な影響として懸念されているのは、湖沼での生
物の生息環境の悪化や森林の衰退などである。

④各種規制の強化や排ガス対策の進展などにより、2017 年以降、
日本では酸性雨は観測されていない。

エ IPCCの合意事項とされる「気候変動に関する自然科学的知見」についての次の①〜④の記述の中で、その内容が最も<u>不適切なもの</u>を1つだけ選びなさい。

①人間の影響が大気、海洋及び陸域を温暖化させてきたことは疑う余地がない。

②人類による気候変動が、極端な高温、高頻度の豪雨、干ばつなどの極端現象の頻度と強度を増加させた。

③地球温暖化が、次の数十年間またはそれ以降に、一時的に1.5℃を超える場合、現状や1.5℃以下に留まる場合と比べて、一層深刻なリスクに直面する。

④地球温暖化は1980年頃急速に進行したが、国際的な取り組みが効果的に進められ、現在では回復が予測されている。

オ 「環境基準」に関する次の①〜④の記述の中で、その内容が最も<u>不適切なもの</u>を1つだけ選びなさい。

①事業者に対して、排出規制などの達成義務を課すものではない。

②行政が公害防止に関する施策を講じていく上での目標である。

③振動、悪臭、地盤沈下などを含む典型7公害について定めている。

④人の健康を保護し、生活環境を保全する上で維持されることが望ましい環境上の条件である。

第6問 次の文章の [ ] の部分にあてはまる最も適切な語句を、下記の中から1つ選びなさい。

IBT・CBT過去出題問題 （各1点×10）

ア 2018年に策定された「第5次環境基本計画」では、地域循環共生圏の創造を掲げ、物質・生命の「循環」、自然と人間との「共生」、「[ア]」を実現する地域ごとに特色ある持続可能な社会を目指すことが位置づけられている。
①低炭素 ②省資源
③エネルギー生産性 ④高効率

イ 環境基本法で「公害」とは、「環境の保全上の支障のうち、事業活動その他の [イ] に伴って生ずる相当範囲にわたる大気の汚染、水質の汚濁、土壌の汚染、騒音、振動、地盤沈下及び悪臭によって、人の健康または生活環境にかかわる被害が生ずること」と定義している。
①人の活動 ②自然の災害
③生態系の変質 ④地球環境問題の深刻化

ウ 土壌は重要な天然資源であるが、気候変動などにより劣化が進んでいる。特にアフリカ諸国における [ウ] は、多数の餓死者や難民の発生など深刻な影響が発生している。
①森林火災 ②砂漠化
③大規模洪水 ④長距離越境移動大気汚染

エ 2022年6月現在、日本には25件の世界遺産があるが、そのうち、自然遺産として登録されているのは、屋久島、知床、小笠原諸島と [エ]、奄美大島・徳之島・沖縄島北部及び西表島の5件である。
①大雪山 ②熊野古道
③富士山 ④白神山地

オ 企業・団体が企業の社会的責任（CSR）に取り組み、環境測定結果や品質管理データの改ざんなどの不祥事を防止するためには、企業・団体に属する全ての者に［**オ**］意識を徹底する必要がある。

①アカウンタビリティ　　　②エンゲージメント
③パートナーシップ　　　　④コンプライアンス

カ 下図は旅客の輸送量当たりの CO_2 排出量（2019 年度）である。最も CO_2 排出量の多い（A）は［**カ**］である。

①航空　　　　　　　　　②自家用乗用車
③バス　　　　　　　　　④鉄道

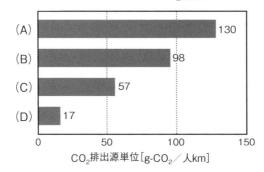

※温室効果ガスインベントリオフィス「日本の温室効果ガス排出量データ」、国土交通省「自動車輸送統計」「内航船舶輸送統計」「鉄道輸送統計」より、国土交通省環境政策課作成

出典：国土交通省 HP

キ 季節や時間により発電量が変化するが、クリーンな再生可能エネルギーなため、発電の条件に恵まれた北海道や東北を中心に大規模な［**キ**］の建設が進んでいる。

①ウインドファーム　　　②小水力発電
③バイオマスタウン　　　④氷雪熱利用施設

ク 地域の市民、国、地方自治体の協力の下、「安全・安心なまちづくり」及び「青少年環境の健全化」を目指す「まちの安全・安心の拠点」と位置付けるコンビニエンスストアは、［**ク**］と呼ばれる。

①コミュニティプラント　　②セーフティステーション
③モニタリングサイト 1000　④スマートコミュニティ

ケ 住宅用の塗料や接着剤に含まれる化学物質が主な原因となって、目やのどに痛みや違和感を覚えるほか、アトピー性皮膚炎などを発症する［**ケ**］に対して、室内化学物質濃度指針値の設定や建築基準法により対策がとられている。

①アナフィラキシーショック　②シックハウス症候群
③口腔粘膜疾患　④中枢神経系疾患

コ 環境に配慮した製品やサービスの優先的な購入・利用を促すために、製品や包装、広告などに付ける［**コ**］は、製品やサービスの環境負荷や環境配慮に関する情報を消費者に伝える。

①環境格付　②環境ラベル
③クリアランスレベル　④ハッシュタグ

模擬1
問
題

第7問 「プラスチック」について述べた次の図及び文章を読んで、ア～オの設問に答えなさい。

IBT・CBT過去出題問題 （各2点×5）

日本のプラスチックマテリアルフロー（2019年）

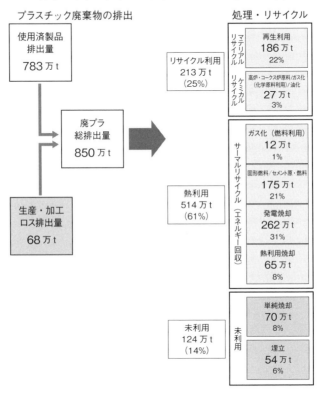

出典：「2019年 プラスチック製品の生産・再資源化・廃棄・処理処分の状況 マテリアルフロー図」一般社団法人 プラスチック循環利用協会の図を一部加工して作成

　プラスチックは、軽く、様々な形に容易に加工でき、しかも安価な素材のため、広く使われている。一方、容易に分解しない性質を持ち、使用後環境中に廃棄されると長期間残存しつづける。またプラスチックは、環境中で紫外線や波の力で次第に劣化し、細かなマイクロプラスチックと化していく。こうしたプラスチックが海に流

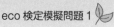

れ出すと@海洋プラスチック問題を引きおこす。海に浮遊するレジ袋や漁網がウミガメなどの海棲生物に絡まったり、摂取されている事例が報告されている。また、海辺に漂着し、景観上も問題を引きおこす。マイクロプラスチック化すると、魚など小さな生きものも摂取し、食物連鎖を通じ、私たちが口にする食品にも含まれてくる可能性がある。

プラスチックごみ対策としては、[ⓑ]、ⓒ家電リサイクル法、自動車リサイクル法などによって、廃プラスチックの回収、再生利用が図られている。また [ⓑ] の関連省令を改正し、レジ袋の有料化が導入された。

しかし、上記図の推計では、排出されたプラスチックのうちプラスチック素材としてマテリアルリサイクルされるものの割合は、総排出量の約22%にとどまる。排出された廃プラスチックのうち70%近くが、燃焼して熱回収（サーマルリサイクル）したり未利用のまま単純焼却されている。プラスチックの大部分は石油から作られることから、ⓓ気候変動対策の視点からも取組が必要となっている。

政府は、2019年にⓔプラスチック資源循環戦略を策定し、プラスチックの使い捨て利用を減らすこと、再生利用を増やしていくこと、バイオマスプラスチックの使用を増加させることなどを内容とした取組を進めることとしている。

［設問］

ア 下線部@について述べた次の文章のうち最も適切なものを１つ選びなさい。

①各国の取組により、海洋プラスチックごみの排出は止まっており、世界の海に浮遊する総量は減少していると考えられている。
②マイクロプラスチックは、微細であることから遠くへ移動せず、排出された地域の沿岸のとどまりつづける性質を持っている。
③日本沿岸に流れ着く漂着ごみは外国由来のものばかりではなく、例えば漂着ペットボトルでは日本製のものの漂着も相当な割合を占めている。

イ 空欄ⓑにあてはまる最も適切な語句を1つ選びなさい。

①容器包装リサイクル法　②廃棄物処理法　③食品リサイクル法

ウ 下線部ⓒについて述べた次の文章のうち、最も適切なものを1つ選びなさい。

①消費者は家電を廃棄する際、家電店などにきちんと引き渡すとともに、廃家電のリサイクル費用を負担する料金を支払うことになっている。

②容器包装のリサイクルと同様、家電の製造業者（メーカー）などに加え家電の販売店も、排出された廃家電の再商品化の義務を負っている。

③廃家電製品の再商品化（リサイクル）率の基準が、対象品目別に設定されているが、実際の再商品化率はこれを上回ることができていない。

エ 下線部ⓓについて、その理由を述べた次の文章のうち最も適切なものを1つ選びなさい。

①プラスチックからは HFC のような地球温暖化係数の極めて高い化学物質が揮発し、大気中に放出されるから。

②海に浮遊する大量のプラスチックが海流を変え、気候を変化させるから。

③プラスチックは、使用後、多くが燃やされ、CO_2 を排出させるから。

オ 下線部ⓔのプラスチック資源循環戦略の基本方針として、最も適切なものを1つ選びなさい。

①3R + renewable　　②3E + S　　③リオ +10

第8問 次の語句の説明として最も適切な文章を、下記の選択肢から1つ選びなさい。

（各1点×10）

ア 夏日

［選択肢］

①夜間の最低気温が25℃以上の日。

②1日の最高気温が25℃以上の日。

③1日の最高気温が30℃以上の日。

④1日の最高気温が35℃以上の日。

イ エネルギー転換

［選択肢］

①太陽光発電などにより再生可能エネルギーを社内で生産すること。

②石油から天然ガス、天然ガスから電気、もしくは水素やアンモニアなど、温室効果ガス排出量の少ないものへと変えていくこと。

③第6次エネルギー基本計画の中で「大量導入やコスト低減が可能であるとともに、経済波及効果が大きいことから、再生可能エネルギー主力電源化の切り札として推進していくことが必要である」と位置づけられたもの。

④新エネ法（1997）により定められた、太陽光発電や風力発電、バイオマスなどの10種の発電や熱利用のこと。これらに大規模水力や地中熱などを加えると再生可能エネルギーとなる。

ウ シェールガス

［選択肢］

①2000年代後半から生産量が急増した。特にアメリカにおける増産は顕著で、2018年には世界最大の産出国となった。そのほか、主な資源保有国は、ロシア、中国、アルゼンチンなどである。

②最も低コストの燃料といわれているが、単位エネルギー当たりのCO_2排出量や大気汚染物質の排出が多いという問題がある。

③カーボンニュートラルの考え方から、CO_2を排出しないものとして扱われている。

④液体のため輸送・貯蔵や取り扱いが容易。用途は輸送用、暖房用、産業用が主で、火力発電に使用される割合は小さく、サウジアラビア、アラブ首長国連邦、カタール、イラン、クウェートなど、中東からの輸入割合が 2018 年には 88.3％となっている。

エ 種の多様性

［選択肢］

①いろいろな動物・植物や菌類、バクテリアなどさまざまな種が生息・生育しているということ。

②アサリの貝殻や、ナミテントウの模様がさまざまなように、同じ種でも個体、個体群の間に違いがあること。

③干潟、サンゴ礁、森林、湿原、河川などいろいろなタイプの生態系がそれぞれの地域に形成されていること。

④メダカやサクラソウなどは、地域によって遺伝子集団が異なっていること。

オ アスベスト

［選択肢］

①極めて微小、軽量であるため大気中に浮遊しやすい粒子で、工場などから排出されるばいじんや粉じん、ディーゼル車の排出ガス中の黒煙などに含まれる。呼吸器に悪影響を与える。

②天然に産出する繊維状鉱物で、その繊維が極めて細いため、大気中に飛散しやすく、人間が吸引すると肺に達し、じん肺や悪性中皮腫などの原因になるとされている。

③常温常圧で空気中に容易に揮発する有機化合物の総称で、多くは人工合成される。2004 年に大気汚染防止法が改正され、排出量の多い施設は規制対象となった。

④ごみ焼却炉や、金属の精錬などで発生し、タバコの煙、自動車排ガスにも含まれる。自然環境の中で分解されにくく、強い毒性をもち、がんや奇形、生殖異常を引き起こす。

カ POPs 条約

[選択肢]

① 「毒性」「難分解性（環境中での残留性）」「生物蓄積性」「長距離移動性」が懸念される物質を対象とし、PCB、DDT など、28 の残留性有機汚染物質について、製造・使用、輸出入の原則禁止を定めている。

② 2016 年改正。特定化学物質（2021 年 7 月 19 日現在 674 物質）の製造・取り扱いを行う事業場において、リスクアセスメント（リスク評価）の実施を義務づけている。

③ 2007 年に EU で導入された。化学物質を年間 1 t 以上製造または輸入する事業者に対し、扱う化学物質の登録を義務づけている。

④ 水銀が人の健康及び環境に及ぼすリスクを低減するため、産出、使用、環境への排出、廃棄、貿易など、そのライフサイクル全般にわたる包括的な規制を定めている。

キ トップランナー制度

[選択肢]

① 生産から廃棄にわたるライフサイクル全体を通して環境への負荷が少なく、環境保全に役立つと認められた商品にそれを証明するマークをつける制度。

② 排出枠を設け、その上限値を超えた場合、ほかから余剰枠を購入して排出削減の未達成分を補うことを認める制度。

③ 技術評価をしながら、規制基準を随時引き上げていく制度。たとえば、自動車や家電などの機器におけるエネルギー消費効率を、商品化されている製品で最も優れている機器の性能以上に設定するなど。

④ 飲料容器などを指定場所に戻した場合に預かり金を返却する制度。

ク バックキャスティング

[選択肢]

①課題解決のために現状を分析し、そこから将来へ向けての行動計画を立てていくこと。

②環境問題などの解決のために長期目標を設定し、そこから逆算して、目標に達するための行動計画を立てること。

③経済成長と、これによって生じる環境への負荷をかい離させていく手法。

④サービス利用者や製品購入者などの消費者が、サービス・製品に対しての評価などを、サービス・製品提供者に伝えること。

ケ トレーサビリティー

[選択肢]

①ビルや家庭内のエネルギー使用機器をネットワークでつなぎ、複数の機器を自動制御して省エネや節電を行うシステム。

②人間の総合的な開発の程度を計測・評価するため、GDP、平均寿命、識字率、教育水準に関する指標の各値に重みをつけて計算したもの。

③適正に管理された認証森林から生産される木材などを、生産・流通・加工で管理し、市民・消費者に届ける制度。

④食品においては、いつどこで誰によって、どのような農薬・肥料・飼料が使われて生産され、どんな流通経路をたどって消費者に届けられたか履歴を確認できるようにすること。

コ 『アジェンダ21』

[選択肢]

①1972年、ローマクラブが発表した報告書。「人口増加と工業投資がこのまま続くと地球の有限な天然資源は枯渇し、環境汚染は自然が許容しうる範囲を超えて進行し、100年以内に人類の成長は限界点に達する」と警告した。

②1987年、環境と開発に関する世界委員会が発表した報告書。地球的規模で環境問題が深刻化していることを具体的なデータに基

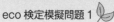

づいて訴え、このままでは人間社会は破局に直面する可能性があり、破局回避のためには、人類は持続可能な開発という考え方を基礎とした行動に転換すべきであると提唱した。

③1992 年、国連環境開発会議（地球サミット）で採択された持続可能な開発を実現するための 21 世紀に向けた人類の行動計画。

④2012 年、国連持続可能な開発会議（リオ＋20）で採択された。持続可能な開発及び、貧困撲滅のためのグリーン経済などについて、首脳レベルが参加し今後 10 年のあり方を議論した。

模擬 1 問題

 第9問

9−1

「里地里山と生きもの」について述べた、次の文章のア〜オの [ ] の部分にあてはまる最も適切な語句を、下記の語群から1つ選びなさい。

IBT・CBT過去出題問題 （各1点×5）

　里地里山の自然環境は、森林から木材や薪、木炭などの燃料を得たり、草原の草を飼料や肥料として利用したり、山間に水田を開墾するなど、自然に人手が加わることにより形成されてきた。しかし戦後、燃料が石油などの [ア] に転換し、動力が牛馬からエンジンに変わることにより、森林や草原の利用は激減していった。また農村部から都市部への人の移動、人口の [イ] が進んできた。そのため働き手が減り、山間の水田などが維持できずに耕作放棄地と化すなど里地里山の生態系が変化し、そこで生息していた生きものに絶滅のおそれが見られるようになってきている。

　里地里山エリアでの人間活動の減少は、[ウ] の増加も招いている。人間活動の減少に伴う耕作放棄地の増加、草刈りなどの管理不足などにより、野生動物が出没しやすくなる。近年はイノシシやシカの生息数が増加しているともいわれ、農作物への被害も増えている。こうした [ウ] の増加に対し、[エ] に基づき、イノシシやシ

カなどの生息数管理の試みが行われている。

　こうした里地里山をめぐる問題については、地域循環共生圏の考えも踏まえ、地域の自然を活用した［オ］による都市と地方の交流促進や、地域資源としてのジビエ利用促進を考慮した狩猟者育成などの取組が進められている。

［語群］

①水素燃料　　　　②化石燃料　　　　③バイオマス燃料
④急増　　　　　　⑤ドーナツ化　　　　⑥少子化・高齢化
⑦不法投棄　　　　⑧自然災害　　　　⑨鳥獣害
⑩自然再生法　　　⑪鳥獣保護管理法　⑫森林法
⑬バイオミメティクス　⑭エコツーリズム　⑮スマートコミュニティ

第9問 9−2
「脱炭素社会とエネルギー」について述べた、次の文章のア〜オの［　］の部分にあてはまる最も適切な語句を、下記の語群から1つ選びなさい。

IBT・CBT過去出題問題（各1点×5）

　IPCC（気候変動に関する政府間パネル）は、2018年に発表した1.5℃報告書において、気温上昇が1.5℃を大きく超えないためには2050年前後には世界のCO_2排出量を実質ゼロとする必要があると指摘している。EUやアメリカなどは、2015年に採択された［ア］に基づく削減目標の強化を表明している。日本も2030年に46％削減、2050年までに温室効果ガスの排出量実質ゼロを目指すことを表明し、脱炭素社会への移行に取り組むこととしている。この移行のためには、省エネルギーの徹底など従来からの取組に加え、エネルギー利用のあり方を大きく変えることが避けられない。

　自動車は化石燃料を利用するエンジンを動力源としてきたが、各

国は、新車販売を電気自動車やハイブリッド自動車、燃料電池車に限定する規制の導入を表明している。その実現のためには、[イ]の技術向上・生産拡大と、充電や水素供給のためのステーション整備などが必要となる。

　様々なエネルギーから電気を得るエネルギー転換部門では、[ウ]を利用した発電を拡大することが急務となる。化石燃料を輸入する港などに大規模な発電所が立地する火力発電とは異なり、[ウ]である太陽光や風力、水力、バイオマスといったエネルギーは[エ]ため、発電地と都市など電力の需要地を結ぶ送配電網の再整備や調整電源整備などの電力系統安定化策が不可欠になる。一方で、これまで電力を地域外から買うしかなかった地域でも電力を地域内で生み出すことができ、エネルギーの[オ]も可能となり、地域にとって大きな資源とすることもできる。

[語群]
①パリ協定　　　　　　②京都議定書　　　　　③ウィーン条約
④CO_2回収、貯蔵（CCS）⑤ヒートポンプ　　　　⑥バッテリー
⑦石油　　　　　　　　⑧再生可能エネルギー　⑨石炭
⑩広く分散して存在する⑪まとめて大量に得ることができる
⑫再商品化　　　　　　⑬リユース　　　　　　⑭地産地消

ア 「原子力発電所等から発生する放射性廃棄物」に関する次の①～④の記述の中で、その内容が最も<u>不適切なもの</u>を1つだけ選びなさい。

①放射性廃棄物は、「高レベル放射性廃棄物」と「低レベル放射性廃棄物」に大別される。

②放射性廃棄物とは、放射性物質を含む廃棄物のことである。

③「高レベル放射性廃棄物」は地下50～100メートルにコンクリート製の囲いを設けて処分する。

④使用済み核燃料は、原子力関連施設などのプールで貯蔵保管されている。

イ 「環境基本法の基本理念」に関する次の①～④の記述の中で、その内容が最も<u>不適切なもの</u>を1つだけ選びなさい。

①環境の恵沢の享受と継承

②環境への負荷の少ない持続的発展が可能な社会の構築

③国際的協調による地球環境保全の積極的推進

④環境、経済、社会の統合的な向上をはかりながら持続可能な社会をめざす。

ウ 「バイオマスエネルギー」に関する次の①～④の記述の中で、その内容が最も<u>不適切なもの</u>を1つだけ選びなさい。

①バイオマスエネルギーとは、化石資源を除く動植物に由来する有機物でエネルギー源として利用可能なものを指す。

②木質バイオマスは、発生する場所（森林、市街地など）や状態（水分の量や異物の有無など）が異なり、特徴にあった利用を進める

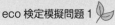

ことが重要である。

③輸送用のバイオエネルギーには、バイオエタノールやバイオディーゼルなどのバイオ燃料がある。

④植物由来のバイオマスエネルギーは燃焼すると CO_2 を排出するので、カーボンニュートラルとは位置付けられない。

エ 「消費社会」に関する次の①～④の記述の中で、その内容が最も<u>不適切なもの</u>を1つだけ選びなさい。

①コンゴ民主共和国やその周辺国で不法に採掘されるタンタルやタングステンなどは「紛争鉱物」といわれ、武装勢力の資金源となっている可能性が高く、国際社会では規制に向かっている。

②消費生活アドバイザーは、消費者利益の確保、企業の消費者志向の促進を行うことと同時に、持続可能な社会の形成に向けて積極的に行動する消費者市民の育成の役割を果たしている。

③賞味期限は、弁当、サンドイッチ、生めんなど、腐敗しやすい食品に用い、定められた方法で保存した場合、商品の劣化によって安全性が損なわれるおそれがない期限のことである。

④環境や社会的公正に配慮し、倫理的に正しいことをめざした消費やライフスタイルは、エシカル消費（倫理的消費）とも呼ばれる。

オ 「二酸化炭素の排出」や「排出量取引」について述べた次の①～④の記述の中で、その内容が最も<u>不適切なもの</u>を1つだけ選びなさい。

①電気自動車や燃料電池車は、走行時も製造時も二酸化炭素の排出がないものとして換算される。

②自らの努力で削減できなかった分の二酸化炭素排出量を、他者からのクレジットの購入などを通じてオフセット（埋め合わせ）することができる。

③2020年に政府は2050年にカーボンニュートラルを達成するという目標を掲げ、それに向けてエネルギー政策を推進することが必要となった。

④京都メカニズムでは、他の先進国や途上国での再生可能エネルギー導入や工場の省エネルギー対策などのプロジェクトを実施し、それに伴う排出削減を、認証・クレジットの発行を経て、先進国の排出削減目標達成の補足手段として用いることができるようにした。

eco検定模擬問題2

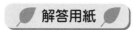

解答用紙

コピーをしてご利用ください。
※実際の解答用紙とは異なります。

第1問

	ア	イ	ウ	エ	オ
	正① 誤②	正① 誤②	正① 誤②	正① 誤②	正① 誤②
	カ	キ	ク	ケ	コ
	正① 誤②	正① 誤②	正① 誤②	正① 誤②	正① 誤②

第2問

2-1

ア	イ	ウ	エ	オ
⓪①②③④⑤⑥⑦⑧⑨	⓪①②③④⑤⑥⑦⑧⑨	⓪①②③④⑤⑥⑦⑧⑨	⓪①②③④⑤⑥⑦⑧⑨	⓪①②③④⑤⑥⑦⑧⑨

2-2

ア	イ	ウ	エ	オ
⓪①②③④⑤⑥⑦⑧⑨	⓪①②③④⑤⑥⑦⑧⑨	⓪①②③④⑤⑥⑦⑧⑨	⓪①②③④⑤⑥⑦⑧⑨	⓪①②③④⑤⑥⑦⑧⑨

第3問

ア	イ	ウ	エ	オ
①②③④	①②③④	①②③④	①②③④	①②③④
カ	キ	ク	ケ	コ
①②③④	①②③④	①②③④	①②③④	①②③④

第4問

ア	イ	ウ	エ	オ	カ	キ	ク	ケ	コ
⓪①②③④⑤⑥⑦⑧⑨	⓪①②③④⑤⑥⑦⑧⑨	⓪①②③④⑤⑥⑦⑧⑨	⓪①②③④⑤⑥⑦⑧⑨	⓪①②③④⑤⑥⑦⑧⑨	⓪①②③④⑤⑥⑦⑧⑨	⓪①②③④⑤⑥⑦⑧⑨	⓪①②③④⑤⑥⑦⑧⑨	⓪①②③④⑤⑥⑦⑧⑨	⓪①②③④⑤⑥⑦⑧⑨

第5問

ア	イ	ウ	エ	オ
①②③④	①②③④	①②③④	①②③④	①②③④

第6問

ア	イ	ウ	エ	オ	カ	キ	ク	ケ	コ
①②③④	①②③④	①②③④	①②③④	①②③④	①②③④	①②③④	①②③④	①②③④	①②③④

第7問

ア	イ	ウ	エ	オ
①②③	①②③	①②③	①②③	①②③

第8問

ア	イ	ウ	エ	オ	カ	キ	ク	ケ	コ
①②③④	①②③④	①②③④	①②③④	①②③④	①②③④	①②③④	①②③④	①②③④	①②③④

	ア	イ	ウ	エ	オ	ア	イ	ウ	エ	オ
第9問 9-1 / 9-2	⓪①②③④⑤⑥⑦⑧⑨	⓪①②③④⑤⑥⑦⑧⑨	⓪①②③④⑤⑥⑦⑧⑨	⓪①②③④⑤⑥⑦⑧⑨	⓪①②③④⑤⑥⑦⑧⑨	⓪①②③④⑤⑥⑦⑧⑨	⓪①②③④⑤⑥⑦⑧⑨	⓪①②③④⑤⑥⑦⑧⑨	⓪①②③④⑤⑥⑦⑧⑨	⓪①②③④⑤⑥⑦⑧⑨

第10問	ア	イ	ウ	エ	オ
	①②③④	①②③④	①②③④	①②③④	①②③④

採点表

		1回目	2回目	配点
第1問		点	点	10点
第2問	2-1	点	点	5点
	2-2	点	点	5点
第3問		点	点	10点
第4問		点	点	10点
第5問		点	点	10点
第6問		点	点	10点
第7問		点	点	10点
第8問		点	点	10点
第9問	9-1	点	点	5点
	9-2	点	点	5点
第10問		点	点	10点
合計		点	点	合格基準 70点

模擬2 問題

第1問 次の文章のうち、内容が正しいものには①を、誤っているものには②を選びなさい。　　（各1点×10）

ア 世界人口の推移をみると、世界全体での増加率は低下傾向にあるが、アフリカ地域のように人口増加率が高い地域もある。

イ 先進国も途上国も、地球環境保全という目標に責任を負うという点では共通だが、過去に環境に負荷をかけて発展を遂げた先進国と、これから発展しようとする途上国の間には責任の取り方の差を認めるという考え方がある。これを「拡大生産者責任」という。

ウ SDGsへの企業の取り組みの例として、飲料メーカーが水源保全への活動を推進するといったことも、本業を通じた社会・環境・経済の課題解決への貢献である。

エ 国内における一般廃棄物（ごみ）の排出量は、循環型社会形成推進基本法（循環型社会基本法）が整備された2000年を境に減少傾向へと変わったが、1人1日当たりの排出量は、フランスやドイツといった先進国と比べると、日本は1.5倍程度になっている。

オ 地球温暖化係数（GWP）が最も高い温室効果ガスは、二酸化炭素である。

カ 2050年に温室効果ガスの排出量を実質ゼロにすることを表明した地方自治体は、「地域脱炭素ロードマップ」と呼ばれる。

キ 日本は世界でも有数の森林国であり、南北に長く亜熱帯林から亜寒帯林まで存在する。

ク 感覚公害ともいわれる「騒音・振動・悪臭」のうち、環境省の調査

によれば、2010 年以降は悪臭に関する苦情件数が最も多い。

ケ "Think Globally, Act Locally"（地球規模で考え、足元から行動せよ）という標語は、「今日の環境問題は、そのメカニズムや影響の及ぶ範囲が地球的規模の広がりを有するが、具体的な行動を起こしていくことが重要である」ということを述べている。

コ 国内でのリサイクルが推進されているが、容器包装リサイクル法では、事業者が自らの事業において利用した容器包装、または製造・輸入した容器包装の再商品化が義務付けられており、多くの場合は指定法人にリサイクルを委託し、定められたリサイクルに要する費用を負担することにより、その義務を果たしている。

模擬 2 問題

第2問 2-1
「海洋の働き」について述べた、次の文章のア～オの[ ]の部分にあてはまる最も適切な語句を、下記の語群から1つ選びなさい。 IBT・CBT過去出題問題 （各1点×5）

　海洋には、二つの大きな海流の循環がある。一つは、海上を吹き渡る大気境界層の風との摩擦によって海洋の表層部が引きずられて動く海面表層部の循環である。

　もう一つの循環は深層循環といい、海洋の深層部で起きるもので、地球の全大洋を駆け巡る巨大なベルトコンベアのような海流である。これは、海域ごとの海水密度の違いから発生する現象で、[ア] とも呼ばれる。

　また、異常気象の原因ともなる [イ] は、太平洋赤道付近の日付変更線付近から南米のペルー沿岸にかけての広い海域で海面水温が平年に比べて高くなる現象で、発生すると日本では夏は低温・多雨、冬は温暖となる傾向がある。

大気と海洋の間では、活発なCO_2の交換が行われている。海面表層に溶け込んだCO_2は、[**ウ**]などの光合成に利用され、多くの海洋生物の体内に残され、その遺骸やふんは海の中・深層に沈降し貯蔵される。この[**エ**]の働きによる海中へのCO_2の取り込みは、大気中のCO_2濃度の安定に大きな役割を果たしているが、大気中のCO_2の濃度が上昇し、より多くのCO_2が海水に吸収されて引き起こされる[**オ**]は、海洋生態系に深刻な影響が出ることが懸念されている。

[語群]

①極循環　　　　　　②熱塩循環　　　　　　③炭素循環
④エルニーニョ現象　⑤ダイポールモード現象
⑥ブロッキング現象　⑦窒素循環
⑧植物プランクトン　⑨植物性バクテリア　　⑩生物ポンプ
⑪海洋アルカリ性化　⑫海洋酸性化

第2問

2-2
「オゾン層保護」について述べた、次の文章のア～オの
[　]の部分にあてはまる最も適切な語句を、下記の語群から1つ選びなさい。 IBT・CBT過去出題問題 （各1点×5）

　1970年代の終わり頃から、オゾン層が破壊されたオゾンホールが[**ア**]上空で観測され始めた。オゾン層が薄くなると、有害な紫外線がオゾン層で吸収されず地表への照射量が増え、生物のDNAに大きなダメージを与え、その結果、[**イ**]や白内障などの疾病が増加することが懸念される。

　オゾンホールの原因は、自然界に存在しない主にフロンという化学物質である。フロンは化学的な安定性など優れた性質を持っているため、エアコンの冷媒や断熱材用の発泡剤などさまざまな用途に広く使われていた。

オゾン層保護のため、1985年にウィーン条約が、また1987年には、オゾン層破壊物質の消費および貿易の規制などを定めた［**ウ**］が採択された。その後、規制強化が順次行われ、先進国及び途上国で、オゾン層破壊性の大きい特定フロンのCFCの生産を［**エ**］することなどが定められた。

　日本では、これらの物質の製造の規制や排出の抑制措置のため、オゾン層保護法が1988年に制定された。また、2001年に制定されたフロン回収・破壊法は、その後、［**オ**］に改正され、製造から使用中の管理や廃棄まで、使用済みフロン類の回収・破壊を含むライフサイクル全体を対象とした包括的な対策が導入された。

［語群］

①南極	②北極	③赤道
④アトピー性皮膚炎	⑤皮膚がん	⑥モントリオール議定書
⑦ソフィア議定書	⑧縮小	⑨無期延期
⑩全廃	⑪フロン排出抑制法	
⑫化学物質リスクアセスメント		

第3問 次の文章が説明する内容に該当する最も適切な語句を、それぞれの語群から1つ選びなさい。

（各1点×10）

ア 気候変動に関する政府間パネルの略称。気候変動問題（地球温暖化）に関する最新の科学的・技術的・社会経済的知見をまとめ、数年おきに評価報告書を発表している。

①地球サミット　　②GHG　　③EANET　　④IPCC

イ 人の健康や生態系に有害なおそれがある化学物質について、環境中への排出量及び廃棄物の処理に伴って事業所の外へ移動する量を事

業者が自ら把握して行政庁に報告し、さらに行政庁が事業者からの報告や統計資料を用いた推計に基づき排出量・移動量を集計・公表する制度。

①PRTR 制度　　　　　　　②SDS 制度
③レスポンシブル・ケア活動　④PDCA サイクル

ウ 企業に限定せず、組織の社会的責任の規格として発行された。

①JCCCA　　　　　　　　②ISO26000
③ESG　　　　　　　　　④エコステージ

エ 四大公害病のうち、神通川流域で発生した健康被害。川の上流にある鉱山から流れ出たカドミウムが原因であったとされ、汚染された食物や水を長年にわたり摂取した住民が腎臓障害となり、骨がもろくなる症状に苦しんだ。

①足尾銅山鉱毒事件　　　　②新潟水俣病
③イタイイタイ病　　　　　④ハンセン病

オ 国連人間環境会議による勧告を踏まえて、1972 年に設立された。主な役割は、国連システム内の環境政策の調整と、環境の状況の監視・報告である。

①リオ + 20　　　　　　　②国連環境計画（UNEP）
③アジェンダ 21　　　　　④国際標準化機構（ISO）

カ 排出量取引制度のうち、制度参加者が一定の条件を満たした場合にクレジット（売買可能な排出権）が与えられる制度。

①東京都の排出量取引制度　　　②EU の排出量取引制度
③ベースラインアンドクレジット制度
④キャップアンドトレード制度

キ 民間団体、各国政府、地方公共団体などが参加する、半官半民の自然保護を目的とした国際的な団体。レッドリストを作成している種の保存委員会、世界国立公園会議を開催している保護地域委員会や

環境教育委員会、環境法委員会などが設置されている。

①ローマクラブ　　　　　　②フェアトレード

③グリーン・インベスター　④国際自然保護連合（IUCN）

ク 企業も、社会を構成する一員であるとして、持続可能な社会の発展に向けて自らの社会的責任を果たすことが求められている。

①UNFCCC　　　　　　②SEA

③CSR　　　　　　　　④ナショナルトラスト

ケ 途上国の省エネルギーや再生可能エネルギー導入を促進するプロジェクトを通じて、日本の脱炭素技術などを提供し、脱炭素社会の実現などに貢献する。その結果、日本によるGHG削減の成果を定量的に評価し、国際的な枠組みの下で、その一部をクレジットとして日本の削減目標達成に活用しようとする制度。

①NDC　　　　　　　　②バリ・ロードマップ

③トリプルボトムライン　④JCM

コ 窒素化合物及びリン酸塩などの栄養塩類が長年にわたり供給されると、プランクトンなどによって引き起こされる現象。

①BOD　　②COD　　③生物濃縮　　④富栄養化

第4問 「地球温暖化対策の緩和策と適応策」について述べた次の文章のア〜コの［　］の部分にあてはまる最も適切な語句を、下記の語群から1つ選びなさい。

IBT・CBT過去出題問題 （各1点×10）

　地球温暖化対策の大きな柱は、「緩和策」と「適応策」である。緩和策は温室効果ガスの排出を削減して地球温暖化の進行を抑えたり、光合成によりCO_2を［**ア**］する作用のある［**イ**］の保全対策な

どを推進することである。

また、太陽光、風力、バイオマスなどの［**ウ**］の拡充や発電施設の効率化などによって電力の低炭素化を図ることも重要である。［**エ**］は低炭素エネルギーであるが、安全性の確保が大前提となる。

排出されたCO_2を分離・回収して地中深部へ埋めて、大気からCO_2を隔離する［**オ**］も有効な手段として、実証実験が行われている。

［語群］

①固定・排出 ②吸収・固定 ③分解・放出
④森林 ⑤干潟 ⑥植物プランクトン
⑦再生可能エネルギー ⑧化石燃料エネルギー ⑨ベストミックス
⑩シェールオイル ⑪地中熱利用 ⑫原子力
⑬CCS ⑭CDM ⑮CMA

一方、適応策は、地球温暖化や気候変動によるリスクに対して社会、経済のシステムを適応させる対策である。

地球温暖化に対する社会、経済システムの［**カ**］を把握し、地域特性に合った適応対策を進めて［**キ**］を高めることが重要である。

日本でもすでに海水温の上昇によるサンゴの［**ク**］などが観察され、また異常気象、極端現象が頻繁に観測されている。そして全国平均気温は、100年当たり1.19℃上昇しており、21世紀末の世界平均気温は工業化以前と比べて最大5.4℃上昇する可能性がある。

こうした中、2018年に［**ケ**］が公布され、自治体でも適応計画が策定されている。自然災害を予測する［**コ**］の作成、堤防等防災施設の整備、避難行動計画の策定・訓練などが実施されている。

［語群］

⑯安全性 ⑰脆弱性 ⑱ベンチマーク
⑲レジリエンス（強靭性） ⑳ロードマップ ㉑デマンドレスポンス
㉒溶解被害 ㉓赤潮現象 ㉔白化現象
㉕省エネ法 ㉖エネルギー政策基本法

㉗気候変動適応法　　㉘ BCP プラン　　㉙ハザードマップ
㉚ライフライン

第5問 次の問いに答えなさい。

（各2点×5）

ア　東日本大震災によって生じた「沿岸部の環境問題」に関する次の①
　　～④の記述の中で、その内容が最も<u>不適切なもの</u>を1つ選びなさ
　　い。

　　①津波で運ばれた砂や泥（津波堆積物）が災害廃棄物に加わり、問
　　　題をより深刻なものとした。
　　②倉庫に保管されていた水産物の腐敗による害虫の発生など、衛生
　　　状態の悪化の防止も懸案課題となった。
　　③有機性廃棄物の分解は、仮置き場での自然発火による火災の原因
　　　にもなった。
　　④建造物の解体時には、放射性プルームの飛散防止に十分な注意が
　　　必要となった。

イ　「LCA」に関する次の①～④の記述の中で、その内容が最も<u>不適切
　　なもの</u>を1つ選びなさい。

　　①LCA とは、原料の調達から販売までを一連のチェーンと捉え、
　　　製品ライフサイクル全体の最適化、効率化を目標とし、経営成果
　　　を高めるマネジメント手法のことである。
　　②環境負荷を低減した新製品、サービスの設計・開発に、LCA が
　　　用いられる。
　　③グリーン購入の判断基準や環境報告書への記載に、LCA を用い

ることができる。

④LCA 分析により、ガソリン車の環境負荷の低減には走行時の燃費改善が最も効果があることがわかった。この結果を基に大幅な燃費改善を行い、開発されたのがハイブリッド車である。

ウ「環境アセスメント」に関する次の①〜④の記述の中で、その内容が最も<u>不適切なもの</u>を１つ選びなさい。

①道路、ダム、鉄道、飛行場、発電所、埋め立て、干拓など13種類の事業と港湾計画及び交付金事業が環境アセスメントの対象となっている。

②環境アセスメントとは、より多くの関係者で安全性や必要性についての問題を共有し、環境負荷や費用を分担する手続きについて話し合う場である。

③現在、日本の環境アセスメントは「環境影響評価法」や、自治体の条例、要綱などに基づいて実施されている。

④より上位の計画段階や政策を評価対象に含める「戦略的環境アセスメント（SEA）」の考え方が2011年4月に導入された。

エ「リサイクル」に関する次の①〜④の記述の中で、その内容が最も<u>不適切なもの</u>を１つ選びなさい。

①使用済みの家電製品のうち、家庭用エアコン、テレビ、電気冷蔵庫および冷凍庫、電気洗濯機および衣類乾燥機は、家電リサイクル法によって再商品化が推進されている。

②食品廃棄物については、食品リサイクル法により再生利用が進められており、食品製造業、食品卸売業、食品小売業、外食産業、一般家庭、といった段階別に再生利用率の目標を定めている。

③建設リサイクル法の施行前は、建設廃棄物が産業廃棄物の最終処分量の約4割を占めていたが、建設廃棄物のリサイクルの進展により、ひっ迫した最終処分場の残余年数の改善や不法投棄の減少に寄与したといわれている。

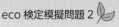

④使用済み自動車は資源価値が高く、産業廃棄物最終処分場のひっ迫によるシュレッダーダスト処分費の高騰、不法投棄などの懸念、エアコン冷媒のフロン類とエアバッグ類の適正処理などが課題となってきたことから、2003年に自動車リサイクル法が制定され、現在に至っている。

オ 「交通に伴う環境問題」に関する次の①〜④の記述の中で、その内容が最も<u>不適切なもの</u>を1つ選びなさい。

①近年では、地域計画・都市計画という視点からコンパクトシティの実現が図られており、なかでもITS（高度道路交通システム）による自動車利用の削減が国や地域によって進められている。
②国は、エコカー減税やグリーン化特例を行って、エコカーの普及を推進している。
③モーダルシフトとは、輸送手段を自動車（トラック）から鉄道・船舶へと切り替えたり、一般の人々のマイカー移動をバス・鉄道移動へと切り替えたりして、環境負荷を削減する方法である。
④ロードプライシングとは、道路渋滞、大気汚染対策として、大都市中心部や混雑時間帯での自動車利用者に対して料金を課し、交通量を削減する取り組みである。

模擬2 問題

第6問 次の文章の [　] の部分にあてはまる最も適切な語句を、下記の中から1つ選びなさい。

（各1点×10）

ア 市民（消費者、住民等）、企業、行政、専門家などの関係者が、リスクに関する情報を共有し、意見交換や対話などを行う [**ア**] により、環境問題をはじめ、自然災害や食品などのリスク低減のために、市民の理解と協力が必要な分野で幅広く実施されている。
①ソーシャル・ネットワーキング
②リスクコミュニケーション
③プレッジ・アンド・レビュー
④SDS

イ 家庭で使われないまま保管（退蔵）されている製品や廃棄されている製品にも、有用な資源が含まれていることがある。スマートフォン、ケータイ、デジタルカメラ、パソコンなどの小型家電製品には、金・銀やレアメタルなどの金属資源が含まれており [**イ**] と呼ばれている。
①家電リサイクル　　　　　　②都市鉱山
③みんなのメダルプロジェクト　④SDGs 未来都市

ウ EU では、2019 年に特定プラスチック製品による環境負荷低減指令を定め、[**ウ**] 製品を 2021 年から禁止している。
①バイオマスプラスチック　②使い捨てプラスチック
③マイクロプラスチック　　④再生プラスチック

エ 地域環境を生かした伝統的農法や、生物多様性が守られた土地利用のシステムを保全し、次世代に継承する目的で、2002 年から国連食糧農業機関（FAO）が [**エ**] を認定するようになった。
①世界ジオパーク　　　　②世界農業遺産
③生物圏保存地域　　　　④SATOYAMA イニシアティブ

オ 下図は、エネルギー源別にみた発電電力量の推移である。2020 年度の実績をみると、最も多く 39.0％を占めているのは [**オ**] である。

①石油 　②LNG 　③水力 　④石炭

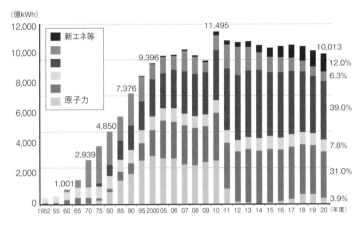

出典：資源エネルギー庁『令和3年度エネルギー白書』より

カ 日本が循環型社会の構築を国際的に推進することを目的として提唱した [**カ**] を契機に、さまざまな国際的な取り組みが進むことになった。

①世界経済フォーラム 　　②世界賢人会議
③3R イニシアティブ 　　④ハイレベル政治フォーラム

キ 「海の森」とも例えられる [**キ**] は、沿岸域に存在して海草の生い茂る場所のことである。

①マングローブ林 　②閉鎖性水域 　③藻場 　④里海

ク GRI ガイドラインは、経済、労働、安全衛生、社会貢献といった側面についても記載した [**ク**] 作成のための、国際的なガイドラインである。

①生物多様性とパンデミックに関するワークショップ報告書
②サステナビリティ報告書
③隔年透明性報告書 　　④環境経営レポート

模擬 2 問題

71

ケ 農・林・漁業は従事者の高齢化や後継者不足などの課題があり、活性化が模索されているが、その手段として、農林漁業者自らが生産だけでなく、加工・流通販売を一体的に行ったり、農林漁業者と加工業者、流通販売業者が連携して事業を展開したりする［ケ］が注目されている。
　①プロシューマー　　　　　②エコファーマー
　③クリーナープロダクション　④6次産業化

コ 福島第一原子力発電所の事故に伴い、福島県内で放射性物質を含む土壌や廃棄物などが大量に発生したため、最終処分するまでの間、安全に、集中的に管理・保管する［コ］に搬入し、30年以内に県外で最終処分を行うこととなっている。
　①一次仮置場　　　　　　　②二次仮置場
　③中間貯蔵施設　　　　　　④キャスク

第7問 「環境保全のための手法」について述べた次の文章を読んで、ア〜オの設問に答えなさい。

IBT・CBT過去出題問題 （各2点×5）

　環境保全の取り組みを推進し、環境政策の目標を達成するためには、さまざまな手法がある。規制的手法には、環境保全上の支障が生じるおそれのある行為そのものを規制するⓐ「行為規制」と、環境影響の程度を規制するⓑパフォーマンス規制がある。経済的手法には、負担を求めることによって誘導するⓒ経済的負担措置と、助成を行うことで誘導するⓓ経済的助成措置がある。また、情報的手法には、環境情報に関する説明責任を求め、ⓔ製品に関する環境情報を公開させることにより、環境保全上望ましい行動に誘導する制度がある。

［設問］

ア 下線部ⓐの「行為規制」の事例として、下記の中から最も適切なものを1つ選びなさい。

①工場などからのばい煙に対する、SOx（硫黄酸化物）、NOx（窒素酸化物）の排出基準、総量規制基準
②国立公園の特別地域における土地の形状変更などを実施する際の許可制度
③事業場からの排水中の汚濁物質に対する排水基準

イ 下線部ⓑの「パフォーマンス規制」の事例として、下記の中から最も適切なものを1つ選びなさい。

①工場騒音規制
②重油の流出などの緊急時の応急措置命令
③地球温暖化対策税

ウ 下線部ⓒの「経済的負担措置」の事例として、最も適切なものを1つ選びなさい。

①キャッシュバック制度
②エコマネー制度
③ごみ収集の有料化

エ 下線部ⓓの「経済的助成措置」の事例として、最も適切なものを1つ選びなさい。

①太陽光発電設備設置の補助金
②富士山の入山料徴収
③温室効果ガスの排出に対するカーボンプライシング

模擬2 問題

オ 下線部⑥の「製品に関する環境情報の公開」として、下記の中から最も適切なものを1つ選びなさい。

①産業廃棄物の運搬又は処分をする際に守らなければならない処理基準
②民間主体と行政などとの間で結ばれる地球環境保全協定
③法が定める化学物質を譲渡する際にSDS（安全データシート）の提供を義務付ける制度

第8問 次の語句の説明として最も適切な文章を、下記の選択肢から1つ選びなさい。

IBT・CBT過去出題問題 （各1点×10）

ア モーダルシフト
［選択肢］
①1台の自動車を複数の会員が共同で利用する自動車の利用形態のこと。自動車での移動距離が短くなる効果も期待されている。
②環境負荷削減のために、貨物輸送を自動車（トラック）から鉄道・船舶へ、一般の人々のマイカー移動をバス・鉄道移動へと切り替えること。
③同じ方向へ向かう人が1台の車に相乗りすることで、ガソリンの消費を抑えるとともに交通費を節約する方法。
④道路渋滞、大気汚染対策として、大都市中心部や混雑時間帯での自動車利用者に対して料金を課し、交通量の削減を促すこと。

イ 報告書『我ら共有の未来』
［選択肢］
①1972年、ローマクラブが発表した。「人口増加と工業投資がこのまま続くと地球の有限な天然資源は枯渇し、環境汚染は自然が許

容しうる範囲を超えて進行し、100 年以内に成長は限界点に達する」と警鐘を鳴らした。

②1987 年、地球規模で環境問題が深刻化していることを具体的なデータに基づいて訴え、このままでは人間社会は破局に直面する。破局を回避するためには、「持続可能な開発」という考え方を基礎とした行動に転換すべきであると提唱した。

③2000 年、ニューヨークで開催された国連ミレニアム・サミットで採択された開発分野における国際社会の目標。2015 年までに達成すべき 8 つの目標、21 のターゲット、60 の指標が掲げられた。

④2015 年、国連持続可能な開発サミットで採択された。2030 年までのグローバル目標として、貧困や飢餓の撲滅、気候変動対策、平和的社会の構築など 17 の目標と 169 のターゲットが設定されている。

ウ 情報公開制度
［選択肢］

①独立行政法人などを含む行政機関の保有する情報を開示請求する権利を国民に認める制度。

②行政機関が重要な政策を立案し決定しようとする際に、あらかじめその案を公表し、広く国民から意見、情報を募集する制度。

③社会的問題について、問題の当事者や一般市民の参加の下、一定のルールに沿った対話を通じて、論点や意見の一致点、相違点などを確認し合い、合意点を見出したり、多様な意見の構造を明らかにしたりすること。

④新しい技術を普及させる前に社会的影響や安全性、経済性、倫理性などについて総合的に評価を行う制度。

エ 名古屋議定書
［選択肢］

①温室効果ガスの削減について、先進国各国に数値目標を課し、また他国での削減を自国での削減に換算できる国際的な仕組みを定めたもの。

②オゾン層破壊物質の全廃に向けたスケジュールを設定し、その生産、消費、貿易について国際的な規制の枠組を定めたもの。

③生物多様性確保の観点から、バイオテクノロジーにより改変された生物（遺伝子組み換え生物）の輸出入などの手続きを定めた国際的枠組のこと。

④開発途上国などに存在する遺伝資源の取得の機会とその利用から生ずる利益の、公正かつ衡平な配分に関する国際的な枠組のこと。生物多様性条約第10回締約国会議で採択された。

オ E-waste
［選択肢］

①レジ袋など1回限りの使用でごみとなるプラスチックのこと。捨てられ海に流れ込み、ウミガメなどの生物が飲み込む被害が生じている。

②電気製品・電子製品の廃棄物のこと。途上国に輸出され、リサイクルの過程で不適切に処理され、有害物質による環境汚染が問題となっている。

③廃棄物のうち、人の健康または生活環境に関わる被害を生じるおそれのあるもの。処理が厳しく規制されている。

④近年頻発する豪雨や地震などの大災害により発生する廃棄物のこと。災害時には様々な種類の廃棄物が一度に大量に発生する。

カ 循環型社会形成推進基本計画（循環基本計画）
［選択肢］

①資源・廃棄物制約、海洋プラスチックごみ問題、地球温暖化などの課題に対応するため2019年に制定されたもので、2030年までにワンウェイプラスチックを累積25％排出抑制するなどのマイルストーンを掲げている。

②循環型社会の構築を国際的に進めるために日本が提唱し、G7で合意されたもので、これに基づき3R推進のための様々な国際的取組が進められている。

③適正な3Rと処分により天然資源の消費を抑制し、環境負荷を可

能な限り低減する社会づくりを目指す施策を総合的かつ計画的に推進するための計画で、資源生産性、循環利用率、最終処分量の項目について数値目標を定めている。

④生物多様性に関する国の目標、施策方向を定めた計画で、現行の計画は自然共生社会実現のため、2020 年の短期目標及び 2050 年の長期目標を定めている。

キ バイオミメティクス

[選択肢]

①生物の遺伝子を人為的に組み換え、病害虫に強い農作物や新たな医薬品などを開発すること。

②生物や菌類の浄化作用を利用して、VOC などの有害物質で汚染された土壌を元の状態に戻す方法。

③野生のゴボウの実が服や犬の毛にたくさんつくことをヒントにマジックテープを開発するなど、「自然に学ぶものづくり」をして最先端の科学技術を開発すること。

④廃材や木くず、生ごみや家畜のふん尿、などの化石資源を除く動植物に由来する有機物をエネルギー源として利用する方法。

ク RoHS 指令

[選択肢]

①2006 年に EU で導入された規制で、電気・電子機器への、鉛、水銀、カドミウム、六価クロムなどの有害物質の使用を原則禁止したもの。

②2007 年に EU で導入された規制で、化学物質を一定量以上製造または輸入する事業者に、その扱う化学物質の登録を義務づけている。

③2006 年の第 1 回国際化学物質管理会議で採択されたもので、国際的な化学物質管理のための国際戦略及び行動計画を定め、各国に健康や環境への影響を最小化するよう化学物質管理政策の推進を求めている。

④2019 年末に EU が発表した 2050 年カーボンニュートラルを目標

に、脱炭素と経済成長の両立を目指した成長戦略。その後、7500
億ユーロの復興基金の創設など新型コロナウイルス流行からの回
復対策も盛り込まれている。

ケ　マングローブ林

[選択肢]

①大きな川の河口などの海水と淡水が入り混じる熱帯・亜熱帯地域
　の沿岸に生育する。林内には魚なども豊富で、森林と海の2つの
　生態系が共存する。

②タイ、マレーシアなど東南アジアにみられ、乾季と雨季がある地
　域に広く分布する。乾季に落葉する広葉樹林を主とする。

③年平均気温25℃以上、年雨量2,000mm以上の気候が平均的に成
　立する南米のアマゾン川流域やアフリカなどにみられる巨木が茂
　り多様な生物が生息している樹林。

④年雨量が比較的少なく、乾季・雨季のある地域に広く分布する。
　樹高は低く、20mくらいまでで、サバンナ草原に散在して生育
　する林である。

コ　シーベルト

[選択肢]

①放射線を出す能力（放射能）の単位。汚染された土や食品、水道
　水など放射線を出す側に着目したもので、数値が大きいほど多く
　の放射線が出ていることになる。

②太平洋赤道域の日付変更線付近からペルー沖にかけての広い海域
　で海面水温が平年より高くなる現象のこと。

③人が受ける被ばく線量の単位。放射線を受ける側、すなわち人体
　に対して用いられ、数値が大きいほど人体が受ける放射線の影響
　が大きくなる。

④魚類繁殖のため保護されている海岸沿いの森林のこと。魚が好む
　日陰を提供する、栄養塩類を提供してプランクトンを育てるなど
　の効果があるとされる。

第9問

9−1

「土壌・土地の劣化、砂漠化とその対策」について述べた、次の文章のア〜オの [ ] の部分にあてはまる最も適切な語句を、下記の語群から1つ選びなさい。

IBT・CBT過去出題問題 （各1点×5）

　土壌は、長い年月をかければ再生できる資源であるが、干ばつのような自然現象や人間活動に伴う影響や負荷によって、農耕地などで劣化が進んでいる。主な原因としては、収穫と収穫の間に土地を休ませない [**ア**]、排水不足の灌漑による土地の [**イ**]、化学肥料の過剰な投入などが挙げられる。

　特に、乾燥した地域で生ずる土地の荒廃が砂漠化であり、アフリカ、南アメリカ、オーストラリアなどで、アジアでは [**ウ**]、インド、パキスタン、西アジアにおいて深刻な状況にある。

　1960年代から1970年代にかけてアフリカで起こった「[**エ**] の干ばつ」をきっかけに、国際的な取り組みが進められ、1996年に発効した [**オ**] により先進国と途上国が連携して、国家行動計画の策定や資金援助や技術移転などの取り組みを進めている。

[語群]

①焼畑耕作　　　　②過剰耕作　　　　③機械化による土壌圧縮
④塩害　　　　　　⑤酸性化　　　　　⑥汚染
⑦インドネシア　　⑧中国　　　　　　⑨バングラデシュ
⑩ソマリア　　　　⑪カラハリ　　　　⑫サヘル
⑬森林原則声明　　⑭国連砂漠化対処条約
⑮REDD+（レッドプラス）

「日本のSDGsの取り組み」について述べた、次の文章のア〜オの [ ] の部分にあてはまる最も適切な語句を、下記の語群から1つ選びなさい。

IBT・CBT過去出題問題（各1点×5）

日本では、2016年に総理大臣を本部長とする「持続可能な開発目標（SDGs）推進本部」を設置し、「持続可能な開発目標（SDGs）実施指針」が策定された。

内閣府は、2018年中長期的に持続可能なまちづくりを目指す自治体を「[ア]」として選定し、地域の統合的な取り組みによる価値創出を推奨している。また、環境省は第5次環境基本計画の中で「[イ]」を提唱した。これは、地域がその特色のある地域資源を活用した自立・分散型の社会を形成しつつ、他の地域と資源を補完し支え合うことによって、地域の活力が最大限に発揮されることを目指す考え方で、地域での [ウ] が重要な役割を担う。

企業においても、理解や取り組みが増加しており、先進企業では経営計画への組み込みも見られる。経団連においても、狩猟社会、農業社会、工業社会、情報社会に続くIoTですべての人とモノがつながり新たな価値を生み出す [エ] の実現を通じたSDGsの達成を柱とした行動憲章が改定された。

SDGsの本質は成長戦略ともいわれており、企業のCSR報告書や企業の財務情報と、環境・社会への取り組みなどを記載した [オ] にも、SDGsとの関連が記述されるようになってきた。

[語群]
①SDGs 未来都市　　②第三の波　　　　③地域循環共生圏
④環境モデル都市　　⑤国際モデル都市　⑥グリーン成長
⑦自然共生圏　　　　⑧協働　　　　　　⑨自助
⑩Society5.0　　　　⑪有価証券報告書　⑫統合報告書

第**10**問 次の問いに答えなさい。

IBT・CBT過去出題問題 （各2点×5）

ア 「エコドライブ」に関する次の①〜④の記述の中で、その内容が最も<u>不適切なもの</u>を1つ選びなさい。

①ガソリン残量をこまめにチェックして、常に満タンにしておく。
②駐車中はもちろん、停車中でもできる限りアイドリングストップを心がける。
③タイヤの空気圧をチェックして常に適正値にする。
④急発進、急加速はできるだけやめる。

イ 「エコツーリズム」に関する次の①〜④の記述の中で、その内容が最も<u>不適切なもの</u>を1つ選びなさい。

①エコツーリズム推進会議では、エコツーリズムの概念を、自然環境や歴史文化を対象とし、それらを体験し学ぶとともに、対象となる自然環境や歴史文化の保全に責任をもつ観光のあり方、としている。
②エコツーリズム推進法は、地域の創意工夫を活かした自然環境の保全、観光振興、地域振興、環境教育の推進を図ることを目的としている。
③エコツーリズム推進法に基づき環境大臣が認定した旅行のスタイルを「エコツアー」と呼んでいる。
④「エコツアー」には、世界遺産を訪ねる旅行や、農村や里山に滞在して休暇を過ごす都市農村交流のグリーンツーリズム、漁村での体験活動などができるブルーツーリズムなどがある。

模擬 2 問題

ウ 「消費社会」に関する次の①～④の記述の中で、その内容が最も<u>不適切なもの</u>を1つ選びなさい。

①フェアトレードとは、企業が環境に配慮した製品やサービスを社会に提供することにより、環境負荷低減などの社会的な問題解決に貢献することをいう。

②環境や社会的公正に配慮し、倫理的に正しい消費やライフスタイルは、エシカル消費（倫理的消費）とも呼ばれる。

③消費生活アドバイザーは、消費者利益の確保、企業の消費者志向の促進を行うことと同時に、持続可能な社会の形成に向けて積極的に行動する消費者市民を育成する役割を果たしている。

④コンゴ民主共和国やその周辺国で不法に採掘されるタンタルやタングステンなどは「紛争鉱物」といわれ、武装勢力の資金源となっている可能性が高く、国際社会では規制に向かっている。

エ 「環境教育に関する流れ」に関する次の①～④の記述の中で、その内容が最も<u>不適切なもの</u>を1つ選びなさい。

①ベオグラード憲章は、環境教育の目的や内容を明確にし、環境教育の指針となる考え方を示した。

②環境教育世界会議で宣言されたESDとは、「Education for Sustainable Development：持続可能な開発のための教育」という考え方のことである。

③ESDでは、持続可能な開発の理念を実践に移すために必要な価値観、行動、ライフスタイルなどを学ぶ教育活動が展開される。

④「環境教育推進法」が「環境教育等促進法」に改正され、小中学校での環境教育が義務付けられた。

オ 「エネルギー」に関する次の①～④の記述の中で、その内容が最も<u>不適切なもの</u>を1つ選びなさい。

①化石燃料とは、地中に埋蔵されている石油、石炭、天然ガスなど

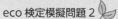

の資源。古代の大量のプランクトンや樹木などが、土中で化石化して生成されたものである。

②化石燃料の消費は、大気汚染や地球温暖化の原因になるとされている。

③石油、石炭、水力など自然界に存在するままの形でエネルギー源として採取されるエネルギーを一次エネルギーという。

④一次エネルギーを使いやすいように「転換・加工」した原子力、天然ガス、バイオマスエネルギーは、二次エネルギーという。

模擬2 問題

eco検定模擬問題3

コピーをしてご利用ください。
※実際の解答用紙とは異なります。

第1問

	ア	イ	ウ	エ	オ
	正①	正①	正①	正①	正①
	誤②	誤②	誤②	誤②	誤②

	カ	キ	ク	ケ	コ
	正①	正①	正①	正①	正①
	誤②	誤②	誤②	誤②	誤②

第2問

2-1

ア	イ	ウ	エ	オ
⓪①②③④⑤⑥⑦⑧⑨	⓪①②③④⑤⑥⑦⑧⑨	⓪①②③④⑤⑥⑦⑧⑨	⓪①②③④⑤⑥⑦⑧⑨	⓪①②③④⑤⑥⑦⑧⑨

2-2

ア	イ	ウ	エ	オ
⓪①②③④⑤⑥⑦⑧⑨	⓪①②③④⑤⑥⑦⑧⑨	⓪①②③④⑤⑥⑦⑧⑨	⓪①②③④⑤⑥⑦⑧⑨	⓪①②③④⑤⑥⑦⑧⑨

第3問

	ア	イ	ウ	エ	オ
	①②③④	①②③④	①②③④	①②③④	①②③④

	カ	キ	ク	ケ	コ
	①②③④	①②③④	①②③④	①②③④	①②③④

第4問

ア	イ	ウ	エ	オ	カ	キ	ク	ケ	コ
⓪①②③④⑤⑥⑦⑧⑨	⓪①②③④⑤⑥⑦⑧⑨	⓪①②③④⑤⑥⑦⑧⑨	⓪①②③④⑤⑥⑦⑧⑨	⓪①②③④⑤⑥⑦⑧⑨	⓪①②③④⑤⑥⑦⑧⑨	⓪①②③④⑤⑥⑦⑧⑨	⓪①②③④⑤⑥⑦⑧⑨	⓪①②③④⑤⑥⑦⑧⑨	⓪①②③④⑤⑥⑦⑧⑨

第5問

ア	イ	ウ	エ	オ
①②③④	①②③④	①②③④	①②③④	①②③④

第6問

ア	イ	ウ	エ	オ	カ	キ	ク	ケ	コ
①②③④	①②③④	①②③④	①②③④	①②③④	①②③④	①②③④	①②③④	①②③④	①②③④

第7問

ア	イ	ウ	エ	オ
①②③	①②③	①②③	①②③	①②③

第8問

ア	イ	ウ	エ	オ	カ	キ	ク	ケ	コ
①②③④	①②③④	①②③④	①②③④	①②③④	①②③④	①②③④	①②③④	①②③④	①②③④

第9問 9-1	ア	イ	ウ	エ	オ	ア	イ	ウ	エ	オ
	⓪①②③④⑤⑥⑦⑧⑨	⓪①②③④⑤⑥⑦⑧⑨	⓪①②③④⑤⑥⑦⑧⑨	⓪①②③④⑤⑥⑦⑧⑨	⓪①②③④⑤⑥⑦⑧⑨	⓪①②③④⑤⑥⑦⑧⑨	⓪①②③④⑤⑥⑦⑧⑨	⓪①②③④⑤⑥⑦⑧⑨	⓪①②③④⑤⑥⑦⑧⑨	⓪①②③④⑤⑥⑦⑧⑨

(9-2 に対応)

第10問	ア	イ	ウ	エ	オ
	①②③④	①②③④	①②③④	①②③④	①②③④

採点表

		1 回 目	2 回 目	配 点
第 1 問		点	点	10点
第2問	2−1	点	点	5点
	2−2	点	点	5点
第 3 問		点	点	10点
第 4 問		点	点	10点
第 5 問		点	点	10点
第 6 問		点	点	10点
第 7 問		点	点	10点
第 8 問		点	点	10点
第9問	9−1	点	点	5点
	9−2	点	点	5点
第 10 問		点	点	10点
合　　計		点	点	合 格 基 準 70点

模擬 3 問題

ア 干潟は、海の満ち引きにより陸地と海面下になることを繰り返す地形であるため、植物が育ちにくく動物の生息にも適さず、生物多様性に乏しい環境である。

イ 政府は、植生や野生生物の分布など国土全体の自然環境の状況を調査する自然環境保全基礎調査（緑の国勢調査）を実施し、そこで得られたデータなどは電子化され、広く公開されている。

ウ 森林所有者の世代交代等により森林への関心が薄れ、適切な管理が行われなくなるなどの問題が出てきており、森林経営管理法が2019年に施行され、森林所有者自らの施業を義務付け、管理の適切化を図る森林経営管理制度がはじまった。

エ 地域循環共生圏の考え方は、農山漁村、都市がそれぞれの地域資源を生かして自立・分散型の社会を作りつつ、自然的なつながり（自然資源、生態系サービス）や経済的つながり（人、資金等）を介して互いに補完し合う関係を構築しようとするものである。

オ 東京オリンピック・パラリンピックで選手に授与された金銀銅メダルには、「みんなのメダルプロジェクト」で回収された小型家電製品などからリサイクルされた金銀銅が使われた。

カ 一般廃棄物については、廃棄物の焼却による埋立て処分量の削減が行われており、現在では、収集されたごみの大部分が焼却場で処理され、埋立て処分量は減少してきた。

キ 生物濃縮される性質を持つ化学物質は、食物連鎖の最終段階にある

イルカや大きな魚より、プランクトンなどでより高い濃度で検出される。

ク PCB や DDT など毒性、難分解性、生物蓄積性、長距離移動性が懸念される残留性有機汚染物質は、POPs 条約に基づき指定され、その使用、製造などの原則禁止、制限などの措置がとられている。

ケ ダイオキシンは、ごみ焼却炉などから発生し、環境中で分解されにくく、強い毒性を持ち、イタイイタイ病を引きおこすなど人の健康、生態系への影響が指摘されている。

コ 政府は、2017年、高レベル放射性廃棄物の最終処分地検討調査の対象となりうる地域を示した科学的特性マップを公表したが、調査に応募する自治体はまだ出ていない。

第2問
2-1
「地球と生物の歴史」について述べた、次の文章のア～オの [　] の部分にあてはまる最も適切な語句を、下記の語群から1つ選びなさい。　　　　（各1点×5）

　46億年前に地球が誕生した。44～40億年前に原始海洋が生まれ、40～38億年前に海で原始生命（原核生物）が誕生して、ここから生物の進化の長い歴史が始まった。27億年前になるとシアノバクテリア（ラン藻）による光合成が活発化し、[ア] が消費され大量の [イ] が海水中に供給されるようになった。[イ] はそれまで生きてきた生物にとって有害で、多くの生物が絶滅する一方、[イ] 呼吸を行うよう進化した好気性生物が繁栄していった。また、[イ] は海水中の鉄分と反応し、現在の鉄鉱床となる大量の鉄を海底に沈殿・堆積させた。

一方、大気中の［ア］は、海水中に大量に溶けこみ海水の成分と化学反応をしたり、生物の遺骸となったりして海底に沈殿し、大量の［ウ］を形成した。それに伴い、大気中の［ア］濃度も減少していった。

大気中の［イ］濃度の上昇により、6億年前には［エ］層が形成されるようになった。［エ］層は、生物に有害な［オ］を吸収し、それまで［オ］が届かない海中でしか生存できなかった生物の陸上への進出を可能とした。

そして5～4億年前に、動植物の陸上への進出が始まり、生成されていった木性シダ林が化石化して、いま、化石燃料として使われているのである。

［語群］

①窒素　　　　　②二酸化炭素　　　③塩素
④酸素　　　　　⑤ヨウ素　　　　　⑥金
⑦銀　　　　　　⑧銅　　　　　　　⑨石灰岩
⑩頁岩　　　　　⑪オゾン　　　　　⑫紫外線
⑬赤外線　　　　⑭放射線

第2問　2-2
「水質汚濁と水環境対策」について述べた、次の文章のア～オの［　］の部分にあてはまる最も適切な語句を、下記の語群から1つ選びなさい。　　（各1点×5）

水質汚濁の原因を詳しくみると、家庭からの台所排水、洗濯排水などの生活排水や農業、畜産、食品関連事業場から排出される水の中には、［ア］、窒素化合物、リン酸塩などが含まれている。窒素やリンが増えると、［イ］してプランクトンや藻類が大量発生し、赤潮やアオコの発生原因となる。

そこで、公共用水域では、人の健康の保護に関する環境基準（健康項目）と、生活環境の保全に関する環境基準（生活環境項目）の基準を定め、水質汚染をチェックしている。主に河川の汚染指標として使用される［**ウ**］は生活環境項目の環境基準のひとつである。

本来、自然環境には［**エ**］があり、河川・湖沼・海域といった水域でも、一定程度までの汚濁であれば、自然に回復することができる。しかし、産業排水や生活排水が大量に流入し、回復できる負荷を上回ると、水質が汚染されたままになり、水質汚濁が進行するのである。

そこで、現代の水環境対策は、排水の汚濁対策に加えて、［**オ**］の保全にも重点が置かれている。

水資源が人類共通の財産であることを再認識し、水が健全に循環し、そのもたらす恵沢を将来にわたり享受できるよう、2014年に［**オ**］基本法が制定された。それまで各地域が取り組んできた保全活動や取り組みを国が認定するもので、2020年1月現在、44の「流域［**オ**］計画」が公表されている。

[語群]

①重金属　　　　②活性汚泥　　　　③無機物
④有機物　　　　⑤富栄養化　　　　⑥BOD
⑦COD　　　　　⑧中和　　　　　　⑨堆積作用
⑩自浄作用　　　⑪イオン交換　　　⑫水循環
⑬分流式下水道　⑭合併処理浄化槽

第**3**問 次の文章が説明する内容に該当する最も適切な語句を、下記の中から1つ選びなさい。

IBT・CBT過去出題問題 （各1点×10）

ア 持続可能な開発目標（SDGs）において、レジリエント（強靭）なインフラ構築、包摂的かつ持続可能な産業化の促進及びイノベーションの拡大を図ることをめざすロゴマーク。

① 　②

③ 　④

イ 第三者機関が持続可能な森林経営が行われていることを認証し、その産出品の表示管理により需要者に優先的に購入を促す制度。
①FSC 森林認証制度　　②レインフォレストアライアンス制度
③再生紙使用マーク制度　④エコリーフ環境ラベル制度

ウ 赤道付近に分布する熱帯林は、生命活動が盛んで地球の野生生物種の半数以上が生息していることから、このように呼ばれている。
①自然共生サイト　　　②生命のゆりかご
③種の宝庫　　　　　　④緑の回廊

エ サンゴの体内に共生している藻類が死んだり抜け出したりしてサンゴが弱っていくことによって発生している現象。海水温の上昇も一つの原因とされ、近年、世界各地で数多く報告されている。
①炭化現象　　　　　　②赤化現象
③白化現象　　　　　　④石化現象

オ 食品の製造過程の残渣や流通過程で生じる売れ残り食品、外食業における食べ残し、調理くずなどの食品廃棄物の発生抑制と減量化促進を目的とした法律で、食品産業の業態別に再生利用等の目標が設定されている。

①資源有効利用促進法　　②食品安全基本法
③食品リサイクル法　　　④食品衛生法

カ 気候変動対策について、各国の温室効果ガス削減目標を足しても、現状ではパリ協定の2℃目標の達成には削減量が十分ではないことを指摘する言葉。

①トレードオフ　　　　　②デマンドレスポンス
③ギガトンギャップ　　　④ナノカーボン

キ パリに本部があって、教育、科学、文化の協力と交流を通じて、国際平和と人類の福祉の促進を目的とし、世界遺産の事務局などを管轄している国連の専門機関。

①国連食糧農業機関（FAO）
②国連教育科学文化機関（UNESCO）
③国連開発計画（UNDP）
④国連環境計画（UNEP）

ク 企業に関係する株主、消費者、NGO などと企業が対話を行う会合。多くの関係する人々の意見を取り入れ、企業活動に生かしていくための取組み。

①ミニ・パブリックス　　②ステークホルダー・ダイアログ
③第三者意見表明　　　　④討論型世論調査

ケ オゾン層破壊性の大きい物質に代わって、冷媒や断熱などに用いられた物質であるが、地球温暖化係数が極めて大きいことから、現在、気候変動対策として、使用の削減、回収の強化が進められている。

①特定フロン（CFC、HCFC）　②揮発性有機化合物（VOC）
③PCB　　　　　　　　　　　　④代替フロン（HFC）

模擬3 問題

コ　大気汚染や水質汚濁、原子力などによる損害について、故意過失が認められなくても加害者に損害賠償を求めることができるという原則であり、個別に法律で規定される。

①拡大生産者責任　　　　　②排出者責任
③無過失責任　　　　　　　④汚染者負担原則

第4問　「エネルギーと環境のかかわり」について述べた次の文章のア〜コの［　］の部分にあてはまる最も適切な語句を、下記の語群から1つ選びなさい。

IBT・CBT過去出題問題（各1点×10）

　人類のエネルギー利用の歴史を振り返ると、[**ア**]によって石炭の利用が増加し、19世紀から20世紀にかけての工業化段階で、石油の時代に入った。その後、天然ガスや原子力の活用が開始された。現在の文明社会は、このようなエネルギーなしでは成り立たないといえる。

　エネルギーを安定的に供給することは経済・社会の発展に不可欠であるが、一方で、さまざまな環境問題が生じている。1952年に石炭やディーゼル油の燃焼から生じる亜硫酸ガスが霧状のスモッグになって拡散し、気管支炎などにより4,000人以上の死者をだした[**イ**]は、その典型的な事例である。

　エネルギーには、自然界に存在するままの形でエネルギー源として採取されている一次エネルギーと、人間が利用しやすい形にして、最終用途に適合させた二次エネルギーがある。一次エネルギーには、石油、石炭、水力、太陽光・熱、風力など、二次エネルギーには、ガソリンや[**ウ**]などがある。

　エネルギー利用にあたっては、採取や輸送等の段階でも環境への影響が生じる。例えば、ナイジェリアでは原油採掘に伴い河川の環境汚染が広がり、住民の健康被害につながったケースがある。ま

た、[エ]の採掘現場では、化学物質を含む大量の水を地下に送り込むために、水質汚染の懸念が指摘されている。

エネルギーの輸送では、原油タンカーの事故により海洋汚染を引き起こすこともある。1989年アラスカで起きた[オ]原油流出事故や、1997年島根県沖で起きたナホトカ号原油流出事故では、深刻な被害がでた。

[語群]

① 産業革命　　　　　② フランス革命　　　　③ 第一次大戦
④ インドボパール事件　⑤ ロンドンスモッグ事件
⑥ ベルギーニューズ事件　⑦ 原子力　　　　　　⑧ 電力
⑨ 天然ガス　　　　　⑩ シェールオイル・ガス
⑪ オイルサンド　　　⑫ メタンハイドレート
⑬ 日本の貨物船「わかしお」⑭ ヘーベイ・スピリット号
⑮ エクソン・バルデイーズ号

模擬3問題

化石燃料は、燃やすとCO_2が排出されることから、18世紀以降の大量消費が「地球温暖化」を引き起こしたとされている。また化石燃料は[カ]であることを考えると、化石燃料に代わるエネルギーを確保していく必要がある。

火力発電所が大気に与える影響では、化石燃料の燃焼に伴い排出される窒素酸化物が、強い日差しの下で炭化水素等と反応して有害物質を生成し、目の痛みや吐き気、頭痛などを引き起こす[キ]の原因になることもある。原子力発電所等から排出される[ク]は、周辺の海水温を変化させて、周辺の生態系に影響を与える懸念がある。また、風力発電では、羽根やタービン部による[ケ]の発生、回転する羽根によっておこる[コ]によって、近隣住民の健康に影響が出る場合もある。

[語群]

⑯ 高価格　　　　　⑰ 有限　　　　　⑱ 原子力
⑲ 光化学スモッグ　⑳ 浮遊ばいじん　㉑ 煙霧

㉒超低温排水　　　　㉓冷排水　　　　　　㉔温排水
㉕バードストライク　㉖高周波空気振動　　㉗低周波空気振動
㉘粉塵　　　　　　　㉙光の明暗（シャドーフリッカー）

第5問　次の問いに答えなさい。

IBT・CBT過去出題問題　（各2点×5）

ア 「気候変動に関する政府間パネルでの合意事項」（気候変動に関する
自然科学的知見）に関する次の①〜④の記述の中で、その内容が最
も<u>不適切なもの</u>を1つだけ選びなさい。

①人類による気候変動が、極端な高温、高頻度の豪雨、干ばつなど
の極端現象の頻度と強度を増加させ、広範囲にわたる悪影響と、
それに関連した損失と損害を引き起こしていること。

②地球温暖化が、次の数十年間またはそれ以降に、一時的に1.5℃
を超える場合、現状や1.5℃以下に留まる場合と比べて、一層深
刻なリスクに直面すること。

③COP26より前に発表された「国が決定する貢献（NDCs）」の実
施に関連する2030年の世界全体のGHG排出量では、21世紀中
に温暖化が1.5℃を超える可能性が高い見込みであること。

④世界の平均気温は、少なくとも今世紀末までは上昇を続け、向こ
う数十年の間に CO_2 及びその他のGHGの排出が大幅に減少した
としても、21世紀中に2℃以上の地球温暖化が生じてしまうこ
とが予測されている。

イ 「自然環境保全のための地域指定」に関する次の①〜④の記述の中
で、その内容が最も<u>不適切なもの</u>を1つだけ選びなさい。

①「国立公園」は、日本を代表する優れた自然の風景地で、保護し利用を図る目的で、環境大臣が指定する。

②「国定公園」は、国立公園に準じる風景地で、国立公園より多く指定されている。

③「特別緑地保全地区」は、都市緑地法に基づき、無秩序な市街地化の防止、地域住民の健全な生活環境の確保等のため、良好な自然環境を形成している樹林地、草地、水辺地などが指定されている。

④「保安林」は、人の手が加わっていない原生の状態を維持している地域で、北海道の十勝川源流部や南硫黄島などが指定されている。

ウ 「拡大生産者責任」に関する次の①〜④の記述の中で、その内容が最も<u>不適切なもの</u>を1つだけ選びなさい。

①生産者は、生産過程からの汚染物質の排出により発生した汚染の被害について、拡大生産者責任に基づき、無過失でも補償や救済をしなければならないとされている。

②拡大生産者責任により、製品の生産者は、廃棄されにくい、またはリユースやリサイクルしやすい製品を開発、製造することが求められる。

③容器包装リサイクル法、家電リサイクル法、自動車リサイクル法において、事業者が再商品化などのリサイクル義務を負っているのは、拡大生産者責任の考え方を踏まえている。

④拡大生産者責任は、OECD（経済協力開発機構）が提唱し、国際的に広く認識されている。

エ 「災害廃棄物」に関する次の①〜④の記述の中で、その内容が最も<u>不適切なもの</u>を1つだけ選びなさい。

①2011年の東日本大震災では、全国の一般廃棄物年間発生量の約半分に相当する災害廃棄物が発生したと推計されている。

②災害廃棄物は、排出者責任に基づき、産業廃棄物として被災者が自らの責任で処理をしなければならない。

③東日本大震災の教訓を踏まえ、2015年に廃棄物処理法と災害対策基本法が改正され、国、地方自治体、民間事業者の連携、大規模災害時の国による処理代行などの体制が整備されている。

④自治体の災害時の廃棄物処理を支援するため、行政機関、事業者、専門家などからなる連携の仕組みとして災害廃棄物処理支援ネットワーク（D.Waste-Net）が組織され、2016年の熊本地震などで支援が行われている。

オ 「原子力利用と放射性廃棄物」に関する次の①～④の記述の中で、その内容が最も<u>不適切なもの</u>を1つだけ選びなさい。

①原子力発電の使用済み核燃料や、原子力発電施設の廃炉、解体からは放射性廃棄物が発生する。

②検査や治療で放射性同位体を利用している医療機関や研究所からも、放射性廃棄物が発生する。

③低レベル放射性廃棄物の処分は、深い海底に沈める「海洋底処分」が想定されている。

④放射性廃棄物とみなす下限値をクリアランスレベルといい、これを確実に下回ると国が確認できれば、再生利用などを可能とする制度がある。

第6問 次の文章の［　］の部分にあてはまる最も適切な語句を、下記の中から1つ選びなさい。

（各1点×10）

ア 1972年、スウェーデンのストックホルムで国連主催の初の環境問題に関する国際会議が開かれ、そこで採択された［**ア**］は、環境問題に取り組む際の原則を明らかにして、環境問題が人類に対する脅威であり、国際的に取り組む必要性を明言した。

①人間環境宣言 　　　②ベオグラード憲章

③我々の望む未来 　　　④ベルリン宣言

イ 日本で、夏は低温・多雨、冬は温暖となる傾向がある［**イ**］現象の発生は、太平洋赤道域の日付変更線付近から南米のペルー沿岸にかけての広い海域で、海面水温が平年に比べて高くなることが原因である。

①生物ポンプ 　　　②熱塩循環

③エルニーニョ 　　　④ラニーニャ

ウ 下図は、世界のエネルギー起源 CO_2 の国別排出量（2019 年）のグラフである。世界全体の排出量の 29.4%（A）を占め、最も排出量の多い国は［**ウ**］である。

①EU28 か国 　　　②インド

③アメリカ 　　　④中国

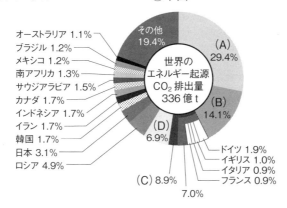

出典：環境省ホームページ『気候変動の国際交渉｜関連資料』

エ 環境基本計画（第 1 次・1994 年）は、環境基本法の基本理念を実現するため、「循環」、「共生」、「参加」、「［**エ**］」を、「4 つの長期的目標」として掲げた。

①自然と人間 　　　②公正と公平

③持続可能性 　　　④国際的取組

オ 世界では約 1,500 万 t/ 年の再生目的の廃プラスチックが国際的に取引されており、輸出先（主に途上国）での不適正な処理を防止するため、2019 年に［**オ**］がバーゼル条約の規制対象に追加された。
①生分解性プラスチック　②マイクロプラスチック
③汚れた廃プラスチック　④ペットボトル

カ 近年、本来食べられるにもかかわらず廃棄されている食品（フードロス）が大きな社会的注目を集めており、家庭等で余った食材を福祉施設等に無料で提供する［**カ**］など、さまざまな取り組みが見られるようになった。
①フードドライブ　②フードバンク
③フードマイレージ　④ローテーション

キ 家庭用エアコン、［**キ**］、電気冷蔵庫・冷凍庫、電気洗濯機・衣類乾燥機の 4 品目が、家電リサイクル法の対象である。
①パソコン　②テレビ
③電気掃除機　④食器洗い機

ク 「クールビズ」では、ネクタイや上着なしの軽装で、エアコンの設定を［**ク**］にすることを推奨している。
①自動　②除湿
③室温 28℃　④予想最高気温マイナス 5℃

ケ 阪神淡路大震災以降、防災や災害について現実的にどのように考えていくかといった意識面への関心も高まった。近年は、近隣がお互いに助け合って地域を守り備える［**ケ**］の精神が、環境問題への取り組みや防災対策などにおいて求められている。
①ODA　②自助
③共助　④公助

コ 専門的知見、迅速な解決などの観点から、公害等調整委員会による住民と香川県との間の調停が進められた［**コ**］不法投棄事案では、

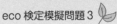

香川県が廃棄物などを搬出し、焼却・溶融処理などを行った。そして、2003 年から進められてきた処理事業も、2022 年度末に終了することで住民と県が合意している。

①淡路島　　　　　②豊島

③江田島　　　　　④小豆島

第7問 「交通に伴う環境問題」について述べた次の文章を読んで、ア～オの設問に答えなさい。

（各2点×5）

　交通に伴う主要な環境問題には、燃料消費による地球温暖化や、@排出ガスによる大気汚染がある。2018 年度の二酸化炭素排出量を見ても運輸部門は第2位であり、自動車の排出ガスを浄化し、排出量を減らすことは、大気汚染防止、地球温暖化対策として有効だと考えられる。

　これらの交通手段に関する対策には、ⓑモーダルシフト、ⓒ環境負荷の小さい自動車（エコカー）の普及、エコドライブ（運転方法）の推進、燃料の転換などがある。

　また、交通手段そのものに対して対策を施すだけでなく、交通システムに対する対策も進められている。近年では、ⓓITS（高度道路交通システム）を普及させ、道路交通の効率化を図る取り組みが進められている。そのほか、ⓔコンパクトシティの実現による移動量の削減、緩衝地帯の整備、遮音壁の敷設など、地域計画・都市計画による対策も効果を上げている。

［設問］

ア　下線部ⓐの「排出ガス」について述べた次の文章のうち、最も適切なものを下記の中から1つだけ選びなさい。

模擬3 問題

101

①自動車の排出ガスによる大気汚染に関しては、「大気汚染防止法」があり、特に交通量の多い大都市地域に対しては、「都市の低炭素化の促進に関する法律」によって基準値が定められている。

②自動車の排出ガスによる大気汚染に関しては、「環境基本法」があり、特に交通量の多い大都市地域に対しては、「大気汚染防止法」によって基準値が定められている。

③自動車の排出ガスによる大気汚染に関しては、「大気汚染防止法」があり、特に交通量の多い大都市地域に対しては、「自動車NOx・PM法」によって基準値が定められている。

イ 下線部ⓑの「モーダルシフト」について述べた次の文章のうち、最も適切なものを下記の中から1つだけ選びなさい。

①環境負荷の少ない自動車に対して自動車重量税を減税したり（エコカー減税）、自動車取得時の課税額を軽減したりして（環境性能割）、買い替えを促進すること。

②貨物輸送をトラックから鉄道・船舶へ切り替えたり、一般の人々の自家用乗用車（マイカー）による移動を、バス・鉄道移動へと切り替えたりしていくこと。

③一台の自動車を複数の会員が共同で利用し、利用者は自分では保有しないで、必要な時だけ自動車を借りる。

ウ 下線部ⓒの「エコカーの普及」について述べた次の文章のうち、最も適切なものを下記の中から1つだけ選びなさい。

①日本では2035年までに新規販売車を100％電動車（ハイブリッド自動車を含む）にする目標が立てられている。

②イギリスでは2030年、フランスでは2040年までにディーゼル車の新車販売を禁止する方針である。

③日本では2023年から電気自動車、燃料電池自動車、プラグインハイブリッド車、天然ガス自動車、クリーンディーゼル車が非課税となる。

エ 下線部ⓓの「ITS（高度道路交通システム）」について述べた次の文章のうち、最も適切なものを下記の中から1つだけ選びなさい。

①カーナビゲーションシステムの高度化、自動料金徴収システム、安全運転の支援など、9つの開発分野からなる。

②道路渋滞、大気汚染対策として、大都市中心部や混雑時間帯での自動車利用者に対して料金を課し、交通量の削減を促すことができる。

③「ふんわりアクセル」「車間距離を開けて加速・減速の少ない運転」など、環境負荷の軽減に配慮した車の運転が可能である。

オ 下線部ⓔの「コンパクトシティ」が環境問題への取り組みとなる理由について述べた次の文章のうち、最も適切なものを下記の中から1つだけ選びなさい。

①近代的なタワーマンションなどの高層住宅群をエリアを決めて集中的に配置することにより、敷地面積当たりの居住空間を広げ、さらに敷地内の緑化を図ることができるから。

②市街地を無秩序に拡散させず、店舗や公共施設がある中心市街地に住宅を配置するなどして、自動車をあまり使わなくても日常生活が送れるようにできるから。

③住宅地域、商業地域、工場地域などの区分けを明確にして、住工混在による近隣騒音を防ぐなど、感覚公害への対策がとりやすく、また、それぞれの地域で交通渋滞が起きにくいように円環型の幹線道路を郊外に広く配置できるから。

模擬3 問題

第8問 次の語句の説明として最も適切な文章を、下記の選択肢から1つ選びなさい。

IBT・CBT過去出題問題 （各1点×10）

ア スマートコミュニティ

［選択肢］

①次世代送電網による電力の有効利用、熱や未利用エネルギーなどを地域全体で活用し、地域の交通システム、市民のライフスタイルの変革などを複合的に組み合わせた、地域単位での次世代エネルギー・社会システムの概念。

②SDGsの理念に沿った統合的取り組みにより、持続可能な経済社会を実現しようとしている都市。

③持ち運び可能な小型太陽光発電システムや住宅での太陽光発電などによる、住民自らが参加して自律型エネルギーへの移行をめざしたまち。

④エネルギー・資源・廃棄物などの面で十分な配慮がなされ、周辺の自然環境と調和し、健康で快適に生活できるように工夫された、環境と共生するライフスタイルを実践できる住宅で構成されたまち。

イ 産業廃棄物管理票（マニフェスト）

［選択肢］

①産業廃棄物を保管する場合、囲いを設け周囲に飛散、流出、地下浸透、悪臭発散などが生じないような措置を講じる必要があり、そのための方法を記載したもの。

②産業廃棄物の処理を業として行おうとする者は、一定の施設能力・申請者能力などを有する必要があり、そのために都道府県知事の許可を受けたことを示すもの。

③産業廃棄物の排出者が処理を委託する場合に、産業廃棄物の種類や数量などを記載して交付することが義務付けられた複写式の伝票。委託された者が業務を終了した時点で排出者に伝票を回付す

ることで、確実に処理されたことを確認できる。

④焼却・脱水・破砕・最終処分などの廃棄物処理施設を設置しようとする者は、都道府県知事の許可が必要で、そのために廃棄物処理施設が施設構造基準・維持管理基準に合格したことを示すもの。

ウ シュレッダーダスト

[選択肢]

①廃家電や廃自動車を破砕し、鉄や非鉄金属などを回収した後、産業廃棄物として捨てられるプラスチック、ガラス、ゴムなどの破片の混合物。

②回収したガラスびんなどを小さく砕いて、ガラス製品のガラス原料とするもの。

③ものの燃焼に伴い発生する、すすや燃えかすの固体粒子状物質。

④回収したペットボトル等のプラスチック製品を、プラスチックの原料として再利用するために小さな粒状にしたもの。

エ モントリオール議定書

[選択肢]

①先進国では特定フロンである CFC の生産を 1996 年に、代替フロンである HCFC の生産を 2020 年に全廃することを定めている。

②閉鎖性の高い国際的な海域であるバルト海沿岸 9 か国及び EU が締約国となり、有害物質の排出を規制している。

③フロン類の製造から廃棄まで、使用済みフロン類の回収・破壊を含むライフサイクル全体を対象として包括的な対策などが定められている。

④南極大陸及びその周辺の島嶼・南極海などの地域での、鉱物資源開発や動植物の捕獲の禁止、廃棄物の適正処理などを規定している。

オ 燃料電池

[選択肢]

①水素を、空気中の酸素と電気化学反応させて発電する装置。

②夜間の電力を使用して氷をつくり、昼間はこの氷を空調の冷熱源として利用する装置。

③地中は夏涼しく、冬は暖かいという特徴を利用して、地中で冷媒を冷熱し、空調や融雪などで大幅な省エネを可能とするシステム。

④気体を圧縮すると温度が上昇し、膨張すると温度が下がる原理を利用して空気の熱を汲み上げ、利用するシステム。

カ　テレワーク

［選択肢］

①従来、紙で作成・回覧・保存されていた文書を電子化することで、文書の回覧や検索を行いやすくし業務を効率化すること。

②インターネットなどの ICT を活用した場所や時間にとらわれない柔軟な働き方。コロナ禍もあって、自宅やサテライトオフィスなどで業務を行うことが広がっている。

③労働環境の改善や生産性の向上等を目的に、深夜営業を中止し営業時間を短縮すること。

④朝型生活にシフトして、夜間の電気使用量を減らし、地球温暖化対策とすること。

キ　SATOYAMA イニシアティブ

［選択肢］

①寄付を募って土地などを取得したり、土地の所有者と保全契約を結んだりなどして、自然環境の保護を図る運動。

②グリーン技術・再生可能エネルギー・生態系サービスなどの分野に各国の投資や市場の関心を向けさせ、持続可能な開発、雇用創出、低炭素社会への戦略、政策を示すもの。

③農業や林業などの人間の営みを通じて形成された2次的な自然環境を保全することをねらいとし、2010 年に名古屋で開催された「生物多様性条約第 10 回締約国会議（COP10）」の開催中に日本が提唱し、世界規模で進められている取り組み。

④日本全国に 1,000 カ所程度の調査サイトを設置し、生物多様性にかかわる研究者や地域の専門家、NPO などによる継続的なモニ

タリングから、生物種の減少など、自然の移り変わりをいち早く
とらえ、迅速かつ適切な保全対策につなげる事業。

ク　種の保存法

［選択肢］

①すべての人が「動物は命あるもの」であることを認識し、みだり
　に動物を虐待することのないようにするのみでなく、人間と動物
　が共に生きていける社会を目指し、動物の習性をよく知ったうえ
　で適正に取り扱うよう定めた法律。

②鳥獣の保護及び管理を図るための事業を実施するとともに、猟具
　の使用に関わる危険を予防することにより、鳥獣の保護及び管理
　並びに狩猟の適正化を図ることを目的としている法律。

③もともとその地域にいなかったが人間活動によって他地域から
　入ってきた生物で、地域の自然環境などに影響を与え、特に大き
　な被害をおよぼす動植物を指定して、飼育や栽培の規制、捕獲な
　どを行うことを定めた法律。

④絶滅のおそれのある野生動植物種を国内希少野生動植物種に指定
　し、個体の取り扱い規制、生息地の保護、保護増殖事業の実施な
　どの措置を定めた法律。

ケ　レッドリスト

［選択肢］

①個別の化学物質について、安全性や毒性に関するデータ、取り扱
　い方、救急措置などの情報が記載されている。

②委託する産業廃棄物の適正な処理のために、性状や取り扱う際の
　注意事項などの必要な情報が記載されている。

③絶滅のおそれのある野生生物の一覧表で、種名や絶滅の危険度な
　どが記載されている。

④省エネルギーラベリング制度に基づき、省エネルギー基準の達成
　度などを表示している。

模擬3 問題

コ グリーン購入

[選択肢]

①企業の財務面のみならず、環境への貢献度も評価して投資対象を決める投資信託のこと。

②商品やサービスを購入する際に、価格、品質、機能、デザインといった条件だけでなく、環境や社会への影響にも配慮して商品やサービスを選ぶこと。

③企業や地方自治体が、国内外のグリーンプロジェクトに要する資金を調達するために発行する債券を購入すること。

④コミュニティの再生や環境保全、福祉の分野や地域の助け合いなどを促すために、限定された場所においてのみ使用可能な通貨で物品を購入できる仕組み。

第9問

9-1
以下の図表をもとに「廃棄物の処理の優先順位」について述べた、次の文章のア〜オの［　］の部分にあてはまる最も適切な語句を、下記の語群から1つ選びなさい。

（各1点×5）

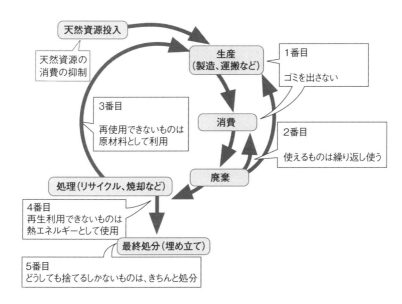

模擬3
問題

　持続可能な社会を実現するためには、天然資源の大量消費、大量廃棄を前提とした一方通行型の社会経済システムではなく、物質を［**ア**］させ、廃棄物を出さない［**ア**］型のシステムに変えていく必要がある。

　このシステムには5つの段階があり、大きく前半と後半に分けて考えることができる。

　まず初めに廃棄物の発生そのものを減らすことが大事である。これを［**イ**］と呼ぶ。次に、できる限り再使用し、リユースする。そして、3番めの段階で［**ウ**］を実施する。この前半の部分、3つの段階が［**エ**］である。

　そして後半の4番め、5番めでは、再生利用できないものを熱エ

ネルギーとして利用し、それでも捨てるしかないものは適正な方法で最終処分することになる。

2000 年に公布された［**オ**］も、上記の図のように、ゴミを出さない、繰り返し使う、原材料として利用する、熱エネルギーとして使用する、きちんと適正処分する、という順で優先するとしている。

［語群］

①脱炭素　　　　　　　　　　②縮小

③循環　　　　　　　　　　　④リフューズ

⑤リデュース　　　　　　　　⑥リペア

⑦ケミカルリサイクル　　　　⑧カスケードリサイクル

⑨マテリアルリサイクル　　　⑩3R＋Renewable

⑪3Rイニシアティブ　　　　　⑫3R

⑬5R　　　　　　　　　　　　⑭環境基本計画

⑮循環型社会形成推進基本法

第9問
9−2
「日本の食料自給」について述べた、次の文章のア〜オの［　］の部分にあてはまる最も適切な語句を、下記の語群から1つ選びなさい。

IBT・CBT過去出題問題　（各1点×5）

日本のカロリーベース食料自給率は、2000年以降、［**ア**］％以下で推移しており、先進諸国の中で最も低くなっている。日本の食料自給率を大きく引き下げている最も直接的な原因は、日本人の食の好みが変化したことである。米の消費が減る一方で、パンや麺類の原料となる小麦粉、また油の原料や畜産用の飼料となる穀類を大量に輸入しているからである。

このような状況を踏まえ、農林水産省では国産農産物の消費を拡

大し、食料自給率を向上させるために「FOOD ACTION NIPPON」運動を展開しており、地域で採れたものをその地域で消費する「[イ]」や季節の栄養豊富な野菜やくだものをその時期に消費する「[ウ]」を推進している。

　食料自給率が低い日本は海外からの調達に依存しているが、海外から食料を調達する際には、輸送にかかるエネルギーが多く必要となり、環境に大きな負荷を与えることになる。食品の輸送にともなう二酸化炭素排出量を示す指標に「[エ]」という考え方がある。食品の重さ×生産地と消費地の移動距離で算出され、その値が大きいほど環境負荷が大きいとする考え方である。また、輸入する食料を国内で生産するとしたら、どの程度の水を必要とするかを推計する[オ] と呼ばれる指標があり、これによると日本は食料とともに大量の水をも輸入していることになる。食料自給率を上げることは、環境負荷を減らすことにもつながっている。

[語群]
①10　　　　②20　　　　③40　　　　④産地直送
⑤地産地消　⑥穀物菜食　⑦一物全体　⑧旬産旬消
⑨アグリツーリズム　　⑩フードマイレージ
⑪バーチャルウォーター　⑫ウォーターフットプリント

ア NPOに関する次の①～④の記述の中で、その内容が最も<u>不適切な</u>ものを1つ選びなさい。

①環境NPOが十分に役割を果たすには、自立した運営基盤の構築が重要である。
②日本では、すべてのNPO法人において、寄付者に対しての寄付金控除が認められている。
③NPOには運動性と事業性の両面が求められている。
④NPOには緊急度の高い課題に対して政府や企業の求める具体的な方策を打ち出す役割も求められる。

イ ISO14001とEMSに関する次の①～④の記述の中で、その内容が最も<u>不適切な</u>ものを1つ選びなさい。

①ISO14001は、1996年に発行された環境マネジメントシステム（EMS）の国際規格である。
②EMSの基本的なしくみは、計画、支援および運用、パフォーマンス評価、改善に分かれており、PDCAサイクルに沿った形となっている。
③第三者認証とは、組織の構築したEMSが基準に適合しているか、第三者である認証機関などが確認するしくみのことである。
④ISO14001には、環境負荷を数値的に計算した標準的なモデルがあり、改善の対象やレベルが業種・業態別に細かく定められているため、審査においては具体的な環境負荷の低減結果が求められる。

ウ エネルギーと環境のかかわりに関する次の①〜④の記述の中で、その内容が最も<u>不適切なもの</u>を1つ選びなさい。

①人類のエネルギー利用の歴史を振り返ると、18世紀半ばの産業革命によって石炭の利用が増加し、さらに19世紀から20世紀にかけての工業化段階で石油の時代に入った。

②島嶼部や大陸内陸部では送電網の構築が困難であり、太陽光発電などの独立したエネルギーシステムを安価に提供するサービスが望まれているという需要とビジネスチャンスを読み取ることができる。

③二次エネルギーの輸送段階で、タンクや輸送プロセスからベンゼンなどの化学物質が排出された事故の例として、島根県沖で起きたナホトカ号原油流出事故、メキシコ湾原油流出事故があげられる。

④風力発電では、ブレードやタービン部による低周波空気振動、回転する羽根によって起こる光の明滅(シャドーフリッカー)によって、近隣住民の健康に影響が出る場合もある。

エ 砂漠化に関する次の①〜④の記述の中で、その内容が最も<u>不適切なもの</u>を1つ選びなさい。

①国連砂漠化対処条約では、先進国と途上国が連携して、国家行動計画の策定や資金援助や技術移転などの取り組みを進めている。

②砂漠化が進行しているのは北アフリカや南アメリカ等の放牧地域であり、アジア(中国、インド、パキスタン、西アジア)やオーストラリアでは灌漑設備の普及などにより改善がみられている。

③砂漠化の影響を受けやすい乾燥地域は、地球の地表面積の約41%を占め、世界人口の3分の1以上(約20億人)の人々がそこに住んでいる。

④乾燥地帯では食料確保のために過剰な耕作や放牧、生産が行われ、そのことが砂漠化を進行させ、農地を減少させてしまい、結果としてさらなる食料不足を招くという悪循環が生じている。

模擬3 問題

オ 地球温暖化に関する次の①〜④の記述の中で、その内容が最も<u>不適切なもの</u>を1つ選びなさい。

①地球温暖化の主な原因は、オゾン層が破壊されることにより、太陽の光線がより強く地球上に照射され、地球の温度が上昇することである。

②適度な GHG は、地球の安定した気温の維持に役立つが、化石燃料の大量消費等によって GHG が急激に増加すると、過剰な温室効果が発揮されて地球の温度が上昇するため問題となる。

③CO_2 に次いで濃度が高い GHG であるメタンは、産業革命前は 0.72ppm、2020 年は 1.89ppm と 2.5 倍以上に濃度が上昇している。

④地球温暖化の研究分野では、大気温の上昇による海水温のわずかな変化が、海洋大循環にどのように影響し、気候にどのような影響を及ぼすかが大きな研究テーマになっている。

eco 検定模擬問題 4

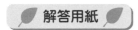

コピーをしてご利用ください。
※実際の解答用紙とは異なります。

第1問	ア	イ	ウ	エ	オ
	正①	正①	正①	正①	正①
	誤②	誤②	誤②	誤②	誤②
	カ	キ	ク	ケ	コ
	正①	正①	正①	正①	正①
	誤②	誤②	誤②	誤②	誤②

第2問 2-1	ア	イ	ウ	エ	オ	2-2	ア	イ	ウ	エ	オ
	⓪	⓪	⓪	⓪	⓪		⓪	⓪	⓪	⓪	⓪
	①	①	①	①	①		①	①	①	①	①
	②	②	②	②	②		②	②	②	②	②
	③	③	③	③	③		③	③	③	③	③
	④	④	④	④	④		④	④	④	④	④
	⑤	⑤	⑤	⑤	⑤		⑤	⑤	⑤	⑤	⑤
	⑥	⑥	⑥	⑥	⑥		⑥	⑥	⑥	⑥	⑥
	⑦	⑦	⑦	⑦	⑦		⑦	⑦	⑦	⑦	⑦
	⑧	⑧	⑧	⑧	⑧		⑧	⑧	⑧	⑧	⑧
	⑨	⑨	⑨	⑨	⑨		⑨	⑨	⑨	⑨	⑨

第3問	ア	イ	ウ	エ	オ
	①	①	①	①	①
	②	②	②	②	②
	③	③	③	③	③
	④	④	④	④	④
	カ	キ	ク	ケ	コ
	①	①	①	①	①
	②	②	②	②	②
	③	③	③	③	③
	④	④	④	④	④

第4問	ア	イ	ウ	エ	オ	カ	キ	ク	ケ	コ
	⓪	⓪	⓪	⓪	⓪	⓪	⓪	⓪	⓪	⓪
	①	①	①	①	①	①	①	①	①	①
	②	②	②	②	②	②	②	②	②	②
	③	③	③	③	③	③	③	③	③	③
	④	④	④	④	④	④	④	④	④	④
	⑤	⑤	⑤	⑤	⑤	⑤	⑤	⑤	⑤	⑤
	⑥	⑥	⑥	⑥	⑥	⑥	⑥	⑥	⑥	⑥
	⑦	⑦	⑦	⑦	⑦	⑦	⑦	⑦	⑦	⑦
	⑧	⑧	⑧	⑧	⑧	⑧	⑧	⑧	⑧	⑧
	⑨	⑨	⑨	⑨	⑨	⑨	⑨	⑨	⑨	⑨

第5問	ア	イ	ウ	エ	オ
	①	①	①	①	①
	②	②	②	②	②
	③	③	③	③	③
	④	④	④	④	④

第6問	ア	イ	ウ	エ	オ	カ	キ	ク	ケ	コ
	①	①	①	①	①	①	①	①	①	①
	②	②	②	②	②	②	②	②	②	②
	③	③	③	③	③	③	③	③	③	③
	④	④	④	④	④	④	④	④	④	④

第7問	ア	イ	ウ	エ	オ
	①	①	①	①	①
	②	②	②	②	②
	③	③	③	③	③

第8問	ア	イ	ウ	エ	オ	カ	キ	ク	ケ	コ
	①	①	①	①	①	①	①	①	①	①
	②	②	②	②	②	②	②	②	②	②
	③	③	③	③	③	③	③	③	③	③
	④	④	④	④	④	④	④	④	④	④

	ア	イ	ウ	エ	オ	ア	イ	ウ	エ	オ
第9問 9-1	⓪①②③④⑤⑥⑦⑧⑨	⓪①②③④⑤⑥⑦⑧⑨	⓪①②③④⑤⑥⑦⑧⑨	⓪①②③④⑤⑥⑦⑧⑨	⓪①②③④⑤⑥⑦⑧⑨					
9-2						⓪①②③④⑤⑥⑦⑧⑨	⓪①②③④⑤⑥⑦⑧⑨	⓪①②③④⑤⑥⑦⑧⑨	⓪①②③④⑤⑥⑦⑧⑨	⓪①②③④⑤⑥⑦⑧⑨

第10問	ア	イ	ウ	エ	オ
	①②③④	①②③④	①②③④	①②③④	①②③④

採点表

		1 回 目	2 回 目	配 点
第 1 問		点	点	10点
第2問	2-1	点	点	5点
	2-2	点	点	5点
第 3 問		点	点	10点
第 4 問		点	点	10点
第 5 問		点	点	10点
第 6 問		点	点	10点
第 7 問		点	点	10点
第 8 問		点	点	10点
第9問	9-1	点	点	5点
	9-2	点	点	5点
第 10 問		点	点	10点
合 計		点	点	合格基準 70点

模擬4 問題

第1問 次の文章のうち、内容が正しいものには①を、誤っているものには②を選びなさい。

(各1点×10)

ア 動物からヒトへと伝染する感染症を、人獣共通感染症といい、COVID-19や、SARS（重症急性呼吸器症候群）も、その一種である。

イ 貧困の撲滅は国際的にも最重要視されており、SDGsでも、あらゆる場所であらゆる形態の貧困を撲滅することを目標1に掲げている。

ウ 1972年、国連人間環境会議において採択された「アジェンダ21」では、環境問題に取り組む際の原則を明らかにし、環境問題が人類に対する脅威であり、国際的に取り組む必要性を明言している。

エ 国際研究ネットワークのレポートによると、2022年に公表された日本のSDGsの取り組み状況は、世界第19位で、SDGsが達成できているのは、貧困、海の豊かさ、森の豊かさの3つだった。

オ 酸性雨などは、大気汚染物質の発生国と被害国が異なり、しかも被害が広域にわたるため、国際的な取り組みが必要である。

カ 都市型洪水とは、都市特有のヒートアイランド現象により都市が温暖化し、台風が接近しやすくなったために生じた豪雨のことである。

キ 地球規模で現在進みつつある野生生物種の減少は、大規模な開発・森林伐採による生息地の破壊、化学物質などによる環境汚染など、生息環境の劣化が原因と考えられ、さまざまな人間活動が直接・間接に影響している。

ク 日本の認定NPO法人の多くは、個人の思いで支えられ、無償で行

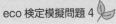

うものという意識が強く、補助金や助成金に多くを頼っている。

ケ 市民・市町村における分別の精度が上がるとリサイクルが効率的に進められる。2008 年 4 月から、想定よりもリサイクル費用が少なく済んだ時には、少なく済んだ分の半額を事業者が市町村へ支払う制度（市町村への合理化拠出金制度）が導入されている。

コ 生物の多様性とは、さまざまな生態系が存在することと、生物の種間及び種内にさまざまな差異が存在することであり、このうち種間の差異のことを「遺伝子の多様性」と呼ぶ。

2−1
第2問 「環境の継続的改善」について述べた、次の文章のア〜オの［　］の部分にあてはまる最も適切な語句を、下記の語群から1つ選びなさい。　　　（各1点×5）

　事業者が環境を自ら継続的に改善するためのしくみである［**ア**］が誕生した背景には、さまざまな環境問題を規制だけで解決することは難しいため、企業などの組織が自主的に環境改善を行うことが必要であるとの認識が世界的に高まったことがある。
　［**ア**］の設計の基本となるのはPDCAサイクル（デミングサイクル）である。環境改善活動をシステムとして確立し、継続的に改善していくためにも、計画や実行だけで終わらせてはいけない。［**イ**］を含んだこのPDCAサイクルを基本としていく必要がある。
　この改善活動の方向性を定めるうえでは、［**ウ**］を通じて環境改善を行うことが重要である。たとえば、製造業であれば製品の［**エ**］などが改善の対象例とされる。
　そして、環境への影響を考え、自社のみならず、取引先、原料調達や流通なども含め、設計から製造、販売への過程を一連のつなが

模擬4 問題

りのあるものとして考える［**オ**］の中で連鎖的に環境改善が推進されていくことであろう。

［語群］

① 環境指標　　　　　　　　　② SNS
③ サプライ・チェーン　　　　④ 企業行動規範
⑤ 企業行動憲章　　　　　　　⑥ 省エネ化・長寿命化
⑦ リスクマネジメント　　　　⑧ EMS
⑨ 環境テーマファンド　　　　⑩ 地域性
⑪ パフォーマンス評価　　　　⑫ 説明責任
⑬ プレッジ・アンド・レビュー　⑭ 自らの本来業務

第2問 2-2
「森林破壊の問題」について述べた、次の文章のア〜オの
［　］の部分にあてはまる最も適切な語句を、下記の語群
から1つ選びなさい。 IBT・CBT過去出題問題 （各1点×5）

　世界の森林面積は40億haで、地球の陸地面積の約30％に相当する。森林面積は2010年からの10年間で毎年0.12％に当たる約470万ha（四国2.6個分）が減少したと推定されている。特にアフリカや［**ア**］では継続して減少しており、生物多様性や［**イ**］にも深刻な影響を及ぼすことが懸念されている。

　森林破壊の原因としては、非伝統的な［**ウ**］、薪炭材（しんたんざい）の過剰伐採、過剰な放牧などが指摘されている。オーストラリアや米国、ブラジルでは、激しい干ばつや高温による［**エ**］が森林の減少に拍車をかけている。

　さらに、丸太と製材の違法伐採木材の貿易額は63億ドルといわれ、森林保全関係法令の執行体制が弱い東南アジアやロシアなどから、輸出が行われている。これらの違法対策として、［**オ**］によっ

て合法に伐採された木材を使用するための、木材関連事業者登録制度などが導入されている。

[語群]
①アジア ②南米 ③北米
④地球温暖化 ⑤オゾン層破壊 ⑥大気汚染
⑦土地の灌漑 ⑧焼畑耕作
⑨化学肥料の大量使用 ⑩森林火災 ⑪洪水
⑫乾燥 ⑬国連砂漠化対策条約
⑭クリーンウッド法 ⑮REDD＋（レッドプラス）

第3問 次の文章が説明する内容に該当する最も適切な語句を、下記の中から1つ選びなさい。

（各1点×10）

ア 増えすぎたシカやイノシシへの対策。自然生態系への影響や農林業への被害が深刻化していることから、利用が促進されているもの。
①外来生物 ②遺伝子組換え生物
③ジビエ ④特定外来生物

イ 建物の壁や窓を覆うように植物を育成し、室内への太陽光を遮断する。室内気温の上昇抑制、熱蓄積防止によるヒートアイランド現象の緩和のほか、冷房に必要なエネルギーの使用量の減少が期待される。
①グリーンベルト ②緑のカーテン
③クールスポット ④屋上緑化

ウ 2007年にEUで導入された規則で、化学物質を年間1t以上製造または輸入する事業者に対し、扱う化学物質の登録を義務づけている。これにより、部材等を供給する中小・中堅メーカーでも、化学物質

模擬4 問題

の情報開示が大きく進展することとなった。

①RoHS 指令　　　　　　　②WEEE 指令

③REACH 規則　　　　　　④ASC 認証

エ 一般に、経済活動の活発化に伴って汚染物質の排出量や資源利用量
は増加するが、それとは逆に、経済成長とこれによって生じる環境
への負荷増加をかい離させていくこと。

①パンデミック　　　　　　②デカップリング

③トレードオフ　　　　　　④グローバリゼーション

オ 遺伝子組み換え生物の輸出入などに関する手続きなどを定めた議定
書のこと。2003 年に発効し、日本では 2004 年に同議定書の円滑な
実施を目的とした国内法が施行された。

①京都議定書　　　　　　　②名古屋議定書

③モントリオール議定書　　④カルタヘナ議定書

カ 水鳥とその生息地である湿地の保護を図るため、1971 年に採択さ
れ、1975 年に発効した。湿地の保全とそのワイズユース（賢明な
利用）を提唱している。

①ラムサール条約　　　　　②POPs 条約

③外来生物法　　　　　　　④日米渡り鳥等保護条約

キ 展開されている国民運動のうち、夏にネクタイや上着なしの軽装で、
エアコンの設定を室温 28℃にし、電力使用による CO_2 削減を推進
するビジネススタイルのこと。

①スマートムーブ　　　　　②クールビズ

③エシカル　　　　　　　　④ファストファッション

ク 農業や林業などの人間の営みを通じて形成・維持されてきた二次的
な自然環境の保全も重要であるとして、日本が提唱した活動。

①モニタリングサイト 1000

②東アジア酸性雨モニタリングネットワーク

③3Rイニシアティブ
④SATOYAMA イニシアティブ

ケ 教育、科学、文化の発展と推進を目的とした国連の専門機関。エコパーク、世界ジオパークなどの事業を手がけているほか、世界遺産の事務局の管轄も行っている。

①国連食糧農業機関（FAO）　　②世界保健機関（WHO）
③国連教育科学文化機関（UNESCO）④国際自然保護連合（IUCN）

コ 企業が自らの事業活動に伴う環境負荷の大きさや、その影響を低減するための取り組み状況をとりまとめて公表するもののうち、環境面に加え、経済、労働、安全衛生、社会貢献といった側面についても記載したもの。

①環境報告書　　　　　　　②第三者意見書
③サステナビリティ報告書　④GRI ガイドライン

第4問 「日本の環境問題への取り組みの歴史」について述べた、次の文章のア～コの［　］の部分にあてはまる最も適切な語句を、下記の語群から1つ選びなさい。

IBT・CBT過去出題問題 （各1点×10）

　日本の環境問題への取り組みの歴史は、激甚な公害問題への対応から始まった。日本の公害の原点は、明治時代に栃木県の渡良瀬川流域の銅山の開発によって発生した鉱毒ガスや鉱毒水などの有害物質が周辺地域の住民の健康や、農業、漁業に大きな被害を与えた[**ア**]であるといわれている。

　戦後、日本は重化学工業化を推進し、高度経済成長を実現した。しかし、その過程で、住民の生命や健康への被害を伴う悲惨な[**イ**]に直面した。工場排水に含まれる微量の[**ウ**]が原因で、熊

本県水俣市で発生が報告された水俣病、鉱業所からの排水に含まれていた[エ]が原因で、富山県神通川流域で発生したイタイイタイ病、石油化学コンビナートから排出された主として[オ]による大気汚染が原因であった、三重県の四日市市で発生した四日市ぜんそく、そして、水俣市の水俣病とおなじ原因物質によって発生した新潟水俣病が四大公害病として社会問題となった。

[語群]
①別子銅山煙害事件　　　　　　②足尾銅山鉱毒事件
③土呂久鉱山ヒ素中毒事件　　　④産業公害
⑤都市型公害　　　　　　　　　⑥有機水銀
⑦有機ヒ素化合物　　　　　　　⑧水酸化鉛
⑨塩化水素　　　　　　　　　　⑩カドミウム
⑪タールミスト　　　　　　　　⑫硫黄酸化物（SOx）

　日本各地に発生したこれらの激甚な公害問題に対して、国は1967年に「公害対策基本法」を制定し、1970年11月末に「[カ]」と呼ばれた臨時国会で、公害関係法律の抜本的な整備を行った。さらに、翌1971年、公害対策から自然保護までを含めた環境行政を総合的に推進するため[キ]が誕生した。
　環境規制の徹底に伴い、工場の排気や排水を環境に放出される排出口で何らかの処理をすることによって環境負荷を低減する[ク]型の公害技術も大幅に進んだことから、後に日本は公害対策先進国と称されるようになった。ただ、エネルギー価格が一気に高騰した2度にわたる[ケ]によって、1970年代後半からは経済優先の風潮となり、その後の10年余りの間、環境関係の法制定はほとんどなくなった。
　日本の環境政策を大きく動かしたのは、地球環境問題を巡る世界的なうねりであった。1992年の地球サミットにおける世界の首脳による合意を背景に、環境基本法が1993年に成立。同法の下、政府による[コ]の策定が義務付けられたほか、環境関連の各種法律が一気に整備され、産業界においても自発的な環境への取り組みが

活発化した。

[語群]

⑬公害国会	⑭総務庁	⑮環境庁
⑯厚生労働省	⑰エンドオブパイプ	⑱フォアキャスティング
⑲スクリーニング	⑳大恐慌	㉑石油危機
㉒バブル崩壊	㉓環境基本計画	㉔ローカルアジェンダ

第5問 次の問いに答えなさい。

(各2点×5)

ア 「1992年開催の地球サミットで採択されたもの」に関する次の①～④の記述の中で、その内容が最も<u>不適切なもの</u>を1つ選びなさい。

①「アジェンダ21」が採択された。
②「環境と開発に関するリオ宣言」が採択された。
③「京都議定書」が採択された。
④「森林原則声明」が採択された。

イ 「主要大気汚染物質」に関する次の①～④の記述の中で、その内容が最も<u>不適切なもの</u>を1つ選びなさい。

①燃料を高温で燃やすことにより、燃料中や空気中の窒素と酸素が結びついて、窒素酸化物（NOx）が発生する。
②石油などの化石燃料を燃焼させることにより、燃料に含まれている炭素が空気中の酸素と結びつき、大気中に揮発性有機化合物（VOC）が排出される。

③浮遊粒子状物質（SPM）は、微小、軽量であるため大気中に浮遊しやすく、呼吸器に悪影響を与える。

④ベンゼンやジクロロメタンなど有害大気汚染物質は、低濃度でも長期間の暴露により、発がん性などの健康影響が懸念される。

ウ 「熱帯林」に関する次の①～④の記述の中で、その内容が最も<u>不適切なもの</u>を１つ選びなさい。

①「熱帯モンスーン林」は、タイ、マレーシアなど東南アジアに見られ、季節風に支配された乾季と雨季がある地域に広く分布し、乾季には落葉する広葉樹林を主とする。

②「熱帯多雨林」は、年雨量2,000mm以上の南米のアマゾン川流域やアフリカなどに見られる樹林で、巨木も茂る多種多層の常緑広葉樹林を主とし、多様な生物が生息している。

③「マングローブ林」は、岩がちな川の上流にあり、林内には小さな生物や淡水魚などが生息して、森と川の２つの生態系が共存する。

④「熱帯サバンナ林」は、年雨量が比較的少なく乾季・雨季のある地域に広く分布している。樹の高さは低く20mくらいまでであり、サバンナ草原に散在して生育する林である。

エ 「生態系と個体数ピラミッド」に関する次の①～④の記述の中で、その内容が最も<u>不適切なもの</u>を１つ選びなさい。

①生態系は、水、大気、光などの無機的要素を基盤としている。

②光合成を行い、自分で栄養分をつくる生物を「生産者」という。

③ほかの生物から栄養分を得る生物を「消費者」といい、生物の遺骸やふんなどから栄養分を得る土壌生物やバクテリアなどの「分解者」も含まれる。

④下図の個体数ピラミッドは、下位の生産者ほど生息数が多く、下から順に、一次消費者、二次消費者、三次消費者となるにつれて、生息数が少なくなっていく。これが「生物濃縮」である。

北米の草原における個体数ピラミッド (個体/km²)

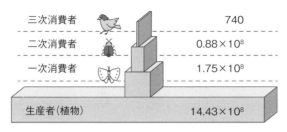

三次消費者	🐦	740
二次消費者	🪲	0.88×10^8
一次消費者	🦋	1.75×10^8
生産者 (植物)		14.43×10^8

出典:数研出版「生物基礎」

オ 「再生可能エネルギーの長所」に関する次の①～④の記述の中で、その内容が最も<u>不適切なもの</u>を 1 つ選びなさい。

①自然環境の中で繰り返し補給され、枯渇しない。
②多くを国内で供給できる。
③集中型エネルギーシステムに適している。
④発電時に二酸化炭素を増加させない。

第6問 次の文章の [ ] の部分にあてはまる最も適切な語句を、下記の中から 1 つ選びなさい。

IBT・CBT過去出題問題 (各1点×10)

模擬 4 問題

ア 地域が抱える課題が複雑化する中、様々な主体（市民、NPO、企業、行政など）が対等な立場で課題に取り組む [**ア**] により、持続可能な地域づくりを進める事例が見られるようになってきた。
①バックキャスティング　　　　②グリーンコンシューマー
③マルチステークホルダープロセス　④国民運動

イ NPO などのうち［**イ**］を担っている組織は、関係者間の合意形成を促したり、新しい資源をつなぎ合わせて、協働での課題解決を促進する役割を果たしている。
①中間支援機能　　　②デジタルトランスフォーメーション促進
③環境教育　　　　　④ディーセントワーク確保

ウ 地球温暖化防止策のうち［**ウ**］は、再生可能エネルギーの導入や省エネルギー、森林吸収源対策など、温室効果ガスの排出を削減、吸収量を増加させ、大気中の温室効果ガス濃度上昇の伸びを抑えようとする対策である。
①適応策　　　　　　②スマートコミュニティ
③3E＋S　　　　　　④緩和策

エ 京都議定書の合意を受け 1998 年に制定された［**エ**］は、目標の進展などを踏まえ数次にわたり改正され、現在は 2050 年脱炭素社会の目標を明記し、地球温暖化対策計画や温室効果ガスの算定・報告・公表制度などを規定するものとなっている。
①地球温暖化対策推進法　　　②環境基本法
③循環型社会形成推進基本法　　④気候変動適応法

オ エネルギー収支がネットゼロになる住宅である［**オ**］は、住まいの断熱性を高め、省エネ性能を向上させるなどエネルギー使用を抑えるとともに、太陽光発電など再生可能エネルギー発電を導入することにより、実現することができる。
①ZEB　　　②ZEV　　　③ZEH　　　④ゼロカーボンシティ

カ ユネスコは、自然美、地形・地質、生態系、生物多様性のいずれかに優れ、完全性を持ち、適切に保護されている顕著で普遍的価値を有する地域を［**カ**］として登録している。日本では 2021 年に「奄美大島、徳之島、沖縄島北部及び西表島」が新たに登録された。
①世界自然遺産　　　②世界農業遺産
③世界文化遺産　　　④世界産業遺産

キ 食品や洗剤等の原料として用いられる [**キ**] は、熱帯林を切り開いて作られた農園（プランテーション）で生産されることもあり、野生生物への悪影響が懸念されている。環境への悪影響を抑え、労働環境にも配慮した持続可能な方法で生産されたことを認証し、RSPO 認証マークをつける活動が行われている。

①砂糖　　　②石油　　　③パーム油　　　④トウモロコシ

ク 自然環境は、私たちに食料や水、木材、気候の安定といった生態系サービスを提供してくれる。こうした自然の恵みを生み出す森林、土壌、水、大気、生物資源などを [**ク**] ととらえ、生活や経済の重要な基盤として評価する考えが拡がっている。

①グローバルストックテイク　　②自然資本
③炭素生産性　　　　　　　　　④自然遺産

ケ 1972 年、国連主催の環境問題に関する初の国際会議としてストックホルムで「国連人間環境会議」が開かれた。このことを記念して設けられた環境の日（世界環境デー）は [**ケ**] である。日本では、その月を環境月間と定めている。

①3 月 5 日　　　　　　　　②4 月 5 日
③5 月 5 日　　　　　　　　④6 月 5 日

コ 家庭やオフィスから出る汚水と雨水を同じ管で流し、処理する [**コ**] では、大雨の際に汚水が河川にあふれたり、マンホールから汚水が吹き出すといった問題がある。ゲリラ豪雨が増えている中、あふれ出しを少なくするための対策が急がれている。

①コミュニティプラント　　　②分流式下水道
③合流式下水道　　　　　　　④合併処理浄化槽

模擬 4 問題

第7問 「企業の社会的責任」について述べた次の文章を読んで、ア～オの設問に答えなさい。

IBT・CBT過去出題問題 （各2点×5）

　日本語では一般的に企業の社会的責任といわれているCSRは、社会の一員である企業が、持続可能な社会の実現に向けて自らの社会的責任を果たすことである。

　日本におけるCSRへの取り組みは、欧米におけるCSRの議論や社会的責任投資（SRI）、さらに短期的な利益だけでなく⒜「環境」、「社会」、「企業統治」の視点を含めて企業の長期的持続可能性を評価する投資の進展、また、相次ぐ企業の不祥事に対し透明性を求める社会の声に対応する形で進展してきた。

　日本経済団体連合会は企業行動憲章、東京商工会議所は企業行動規範を作成し、企業の社会的責任への取り組みの必要性を明らかにした。国際的には、1999年の世界経済フォーラムで企業・団体が⒝持続可能な成長を実現するための世界的な枠組みづくりへ参加する自発的な取り組みが提唱され、多くの企業・団体が賛同し活動を行っている。

　このように、時代とともに企業に求められる役割も変化し、企業の社会的責任の内容も、経済的あるいは法的な企業の責任を大きく超えた概念へと広がってきた。

　企業は一連の事業活動の中で、資源、エネルギーの使用や廃棄物の排出により環境に負荷を与えている。企業は環境負荷をどのように低減するのかを検討し、対策をとることが不可欠である。企業はこれらの環境情報を⒞顧客、株主、従業員、地域住民などの多様な利害関係者へ発信する⒟「環境コミュニケーション」を行うことが、相互理解・信頼や協力関係を生み環境問題の解決に貢献する。また、企業の持続可能な発展には、環境面だけではなく、⒠環境・経済・社会面の3つの側面を総合的に高めていく必要がある。

　また、CSRの一環としてSDGsに取り組んでいる企業や、既存の事業活動がSDGsにつながっている企業の中には、SDGsへの取り

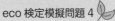

組みを成長戦略として位置付けて取り組んでいる例が数多くある。

[設問]

ア 下線部ⓐの「長期的持続可能性を評価する投資」をなんというか、下記の中から最も適切なものを1つ選びなさい。

①グリーンボンド
②ESG 投資
③CSV（共通価値の創造）

イ 下線部ⓑの「世界的な枠組みづくりへ参加する自発的な取り組み」であって、人権の保護、不当な労働の排除、環境への対応、腐敗の防止の4つの分野と10原則に賛同する活動として下記の中から最も適切なものを1つ選びなさい。

①グリーン・ニューディール
②国連グローバル・コンパクト
③メセナ活動

ウ 下線部ⓒの「顧客、株主、従業員、地域住民などの多様な利害関係者」の呼び方として、下記の中から最も適切なものを1つ選びなさい。

①ステークホルダー
②ソーシャルワーカー
③ミニパブリックス

エ 下線部ⓓの「社会に自ら情報公開・公表する」ツールとして下記の中から最も適切なものを1つ選びなさい。

①内部環境監査報告書
②環境報告書
③第三者による意見書

オ 下線部ⓔの企業が「環境・経済・社会面の３つの側面」を総合的に高めていくことを評価する考え方として下記の中から最も適切なものを１つ選びなさい。

①レジリエンス
②GRI ガイドライン
③トリプルボトムライン

第8問 次の語句の説明として最も適切な文章を、下記の選択肢から１つ選びなさい。

（各1点×10）

ア 黄砂
［選択肢］
①工場などから排出されるばいじんや粉じん、およびディーゼル自動車の排気ガスにも含まれる大気汚染物質。
②石炭や石油などの化石燃料の燃焼により、燃料中の硫黄分が空気中の酸素と結合し発生する物質で、呼吸器系の疾患を引き起こすおそれがある。
③農作物などに地下水を汲み上げてまき続けることにより、水や土壌に含まれるわずかな塩分が凝結し、地表付近の塩分濃度が上昇してしまう現象。
④中国内陸のタクラマカン・ゴビ砂漠や黄土地帯などの乾燥・半乾燥地域で風によって地上数千メートルまで巻き上げられた土壌の微粒子。上空の偏西風に乗って日本にも飛来している。

イ フェアトレード
［選択肢］
①開発途上国への政府開発援助がその国の環境や社会に与える影響

に十分注意を払い、環境社会配慮支援・確認を適切に実施し、情報の透明性や説明責任を確保すること。

②農薬や化学肥料 などの化学物質に頼らないことを基本とした有機農業を登録認証機関が審査・認証する制度。

③開発途上国から原料や製品を輸入する際に、開発途上国の生産者や労働者の生活改善や自立をめざして、適正な価格で継続的に購入する公平・公正な貿易。

④企業は社会構成員であることから、持続可能な社会の実現に向けて自らの社会的責任を果たす行動。

ウ　モントリオール議定書

[選択肢]

①南極大陸及びその周辺の島嶼（とうしょ）・南極海などの地域での、鉱物資源開発や動植物の捕獲の禁止、廃棄物の適正処理などを規定している。

②先進国では特定フロンである CFC の生産を 1996 年に、代替フロンである HCFC の生産を 2020 年に全廃することを定めている。

③閉鎖性の高い国際的な海域であるバルト海沿岸 9 か国及び EU が締約国となり、有害物質の排出を規制している。

④フロン類の製造から廃棄まで、使用済みフロン類の回収・破壊を含むライフサイクル全体を対象として包括的な対策などが定められている。

エ　グリーン購入

[選択肢]

①飲料を購入する際に、飲料容器を指定場所に返却した場合に戻される預り金を上乗せした額で購入すること。

②商品を購入する際に、価格、品質、機能、デザインといった使用時の条件だけでなく、環境にも配慮して商品やサービスを選ぶこと。

③企業の収益性に加え、企業の環境保全などの社会的取り組みを評価して、投資の可否を判断するような投資行動のこと。

④地球温暖化対策のため、家庭や職場の屋上や壁面、窓辺やテラス

模擬 4 問題

133

を活用して、緑化対策を行うこと。

オ レッドリスト

［選択肢］

①野生動植物の現状を知る手がかりとなる、絶滅のおそれのある野生生物の一覧表で、種名や絶滅の危険度などが記載される。

②個別の化学物質について、安全性や毒性に関するデータ、取り扱い方、救急措置などの情報が記載されている。

③産業廃棄物処理を委託する際に交付し、その回付により確実な処分を確認するとしている。

④高山帯、森林・草原、里地里山、陸水域（湖沼及び湿原）、沿岸域（砂浜、磯、干潟、アマモ場、藻場及びサンゴ礁）、小島嶼について、約1,000カ所の調査サイトのモニタリング調査をまとめたもの。

カ シェールガス

［選択肢］

①可燃性ガスを水分子が囲んだ形になっている化石燃料。大陸周辺の海底に分布しており、日本の太平洋側の一部だけでも国内天然ガス消費量の約10年分の資源が埋蔵されているといわれている。

②輸送時には低温にして液化し、専用のタンカーでオーストラリア、マレーシア、カタール、ロシアなどから輸入している。石油とは異なり、2018年度における中東からの輸入割合は21.2%に留まっている。

③輸送用、暖房用、産業用が主で、火力発電に使用される割合は小さい。サウジアラビア、アラブ首長国連邦、カタール、イラン、クウェートなど、中東からの輸入割合が高く、2018年には88.3%であった。

④地中深くにある頁岩層（けつがん）から産出し、強い水圧をかけ岩盤を破砕して抽出する。2000年代後半から生産量が急増した。主な資源保有国は、米国、ロシア、中国、アルゼンチンなど。

キ 『成長の限界』

［選択肢］

① 1972 年、ローマクラブが発表。「人口増加と工業投資がこのまま続くと地球の有限な天然資源は枯渇し、環境汚染は自然が許容しうる範囲を超えて進行し、100 年以内に成長は限界点に達する」と警鐘を鳴らした。

② 1987 年、環境と開発に関する世界委員会が発表した。地球規模で深刻化する環境問題を克服するためには、「持続可能な開発」という考え方を基礎とした行動に転換すべきであると提唱した。

③ 1992 年、環境と開発に関する国連会議（地球サミット）で採択された、持続可能な開発を実現するための 21 世紀に向けた人類の行動計画。

④ 2012 年、国連持続可能な開発会議（リオ + 20）で採択された。グリーン経済を、持続可能な開発を達成する重要なツールとして認識することなどを主な内容としている。

ク 燃料電池

［選択肢］

①都市ガス、LPG、重油などを燃料として発電を行い、発生する排熱で温水や蒸気をつくり、給湯や冷暖房などに使用する。

②都市ガスなどから得られた水素を、空気中の酸素と化学反応させて発電する装置。

③気体を圧縮すると温度が上昇し、膨張すると温度が下がる原理を利用して空気の熱を汲み上げ、利用するシステム。

④電気をいったん直流に変え、この直流をさらに周波数の異なる交流に変えることでモーターを細かく制御して消費電力を抑える装置。

ケ ビオトープ

［選択肢］

①多くの海洋生物の産卵・生育場所となるほか、水質改善や光合成による二酸化炭素の吸収の働きも持っている海藻の生い茂る沿岸。

②コンビニエンスストアをまちの安全・安心の拠点として位置づけ

模擬 4 問題

135

ていこうという試みであり、地震などの大災害時には、一時避難場所にもなる。

③人工的なミスト（霧状の水）の噴霧、広場への噴水設置など、涼しく過ごせる場所をつくって、熱ストレスを軽減する場所。

④生態系が保たれている生息空間のこと。人工的につくられたものでは、ビルの屋上に憩いの場としてつくられた小さなものから自然公園など大きなものまである。

コ　6次産業化
［選択肢］

①地域的・公共的課題を解決するために、各主体が、目的と情報を共有し、お互い尊重しつつ、対等な立場で取り組みを行い、相乗効果が生まれてくるような協力・連携を行うこと。

②業務の流れが企業内外にわたって、「製品の開発」「製造部品の調達」「製品の製造」「配送」「販売」と繋がっていること。

③農林漁業者が生産だけでなく加工・流通販売を自ら一体的に行ったり、農林漁業者と加工業者、流通販売業者と連携して事業を展開したりすること。

④生活や企業活動で発生する廃棄物の処理やリサイクルの事業は、生活や経済活動のために欠かすことができない産業になっていること。

第**9**問

9-1

下の図表をもとに「SDGsの概念と構造」について述べた、次の文章のア〜オの［　］の部分にあてはまる最も適切な語句を、下記の語群から1つ選びなさい。

（各1点×5）

SDGsのウェディングケーキの図

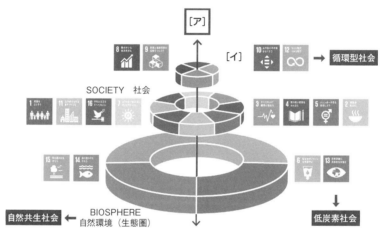

出典：Stockholm Resilience Centreの図より作成

模擬 4 問 題

　これは、SDGsの概念の構造をウェディングケーキで示したモデルである。

　このケーキの一番上には、[ア]が位置づけられており、持続可能な社会をつくるためには、国や自治体、企業、個人などさまざまな人々が協力し合い、共に取り組む必要があることを示している。

　全体的な構造をみると「[イ]」「社会」「自然環境」の3階層からなり、経済成長は社会の基盤がなければ成立せず、社会は自然環境の基盤がなければ成立しないことがわかる。わたしたちの経済や生活はすべて自然環境に依存しており、社会課題の解決においても、自然を基盤とした解決策「[ウ]」という考え方が求められているといえよう。

しかも、一見、環境とは関わりのなさそうな目標も、環境との関連がある。例えば、自然資本の劣化は、目標6（水）、7（エネルギー）、13（気候変動）、15（生態系・森林）と関連するが、これにより薪拾いや水汲みに従事する女性や子どもの負担が増し、学校に行けなくなるという問題があり、目標4（教育）や目標5（ジェンダー平等）とも関連してくる。また、［エ］も、気候変動の影響により生活の糧を失った移民の増加による社会不安など、環境関連の目標との関わりをもつ。複数の目標が互いに関連し合うため、政策の実施においてはSDGsの目標間のシナジー（同時達成や効果）と［オ］（調整）の関係性について留意することが必要である。

　つまり、［イ］、社会、環境の3要素のバランスをとって統合された形でSDGsを達成するためには、分野横断的なアプローチが必要であり、すべての目標に目配りをしなければならないのである。

［語群］
①目標12（持続可能な生産・消費）
②目標16（平和）
③目標17（パートナーシップ）
④資源
⑤自然
⑥経済
⑦正義
⑧ミレニアム開発目標（MDGs）
⑨ネイチャーベースドソリューション（NbS）
⑩ハイレベル政治フォーラム（HLPF）
⑪自発的国家レビュー（VNR）
⑫モニタリング
⑬トレードオフ
⑭ステークホルダー

第9問 9−2
「エコツーリズムと、協働による観光業活性化」について
述べた、次の文章のア〜オの［　］の部分にあてはまる
最も適切な語句を、下記の語群から1つ選びなさい。

（各1点×5）

　環境大臣を議長とする「エコツーリズム推進会議」では、エコツーリズムの概念を「自然環境や［ア］を対象とし、それらを体験し学ぶとともに、対象となる自然環境や［ア］の保全に責任をもつ観光のあり方」と定義している。2008年4月に施行された「エコツーリズム推進法」では、地域の創意工夫を活かした自然環境の保全、観光振興、地域振興、［イ］の推進を図ることが目的であるとしている。

　こうした考え方を実践するための旅行が、エコツアーである。エコツアーには、世界遺産を訪ねる旅行や、農村や里山に滞在して休暇を過ごす都市農村交流のグリーンツーリズムや［ウ］、水産業および漁村への理解を深めるブルーツーリズムなどがある。

　環境省による協働取組加速化事業の例として、市民による海岸の維持管理と観光業の活性化に取り組んだ福井県最西端の高浜町のケースがある。ここでは、マリーナやビーチの国際認証である［エ］取得をめざし、2016年に認証を取得した。その過程で認証基準に沿って地域を見直したことで、漂着ごみ問題や［イ］の普及など取り組むべき課題が見えたという。そこで住民や行政、消防、事業者や学校といった［オ］が加わり、それぞれのノウハウや事業への具体的な関わり方を話し合い、実施した。海水浴客も参加するクリーンキャンペーンや障がいを持つ人々を対象にしたイベントでは、海岸を基点として多くの人が「美しく持続可能な海岸」の維持に参加できた。

　こうした取り組みの中で、若い住民による新しい観光ビジネスが誕生したり、地域の小学校で海についての体験学習が行われるようになったりしていった。そして、with コロナ時代のいま、「働く」

模擬
4

問
題

と「休暇」を組み合わせたワーケーションや、海の6次産業化にも取り組んでいるという。まずはどんな地域にしたいかという未来像を地域で共有していくことが、活性化の第一歩になったといえよう。

［語群］

①歴史文化　　　　　　②地域社会　　　　　　③社会貢献
④環境教育　　　　　　⑤魚付き林　　　　　　⑥中間支援機能
⑦地域循環共生圏　　　⑧アグリツーリズム　　⑨フォレスター
⑩コンプライアンス　　⑪ステークホルダー
⑫クリーンキャンペーン　⑬ブルーフラッグ
⑭ローカルSDGs　　　　⑮グランピング

第10問 次の問いに答えなさい。

IBT・CBT過去出題問題（各2点×5）

ア 「生物多様性条約第10回締約国会議（COP10）」に関する次の①〜④の記述の中で、その内容が最ももも<u>不適切なもの</u>を1つ選びなさい。

①2010年に名古屋で開催された第10回生物多様性条約締約国会議（COP10）で、「生物多様性戦略計画2011-2020」が採択された。

②生物多様性戦略計画2011-2020では、少なくとも陸域17％、海域10％を保護地域とするなどの20の個別目標からなる愛知目標が設定されている。

③COP10では、持続可能な森林経営の原則を示した森林原則声明も採択された。

④COP10の成果を受け、2012年、日本政府は生物多様性国家戦略を改定し、愛知目標の達成に向けたロードマップを定めている。

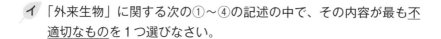

イ「外来生物」に関する次の①〜④の記述の中で、その内容が最も<u>不適切なもの</u>を1つ選びなさい。

①外来生物には、渡り鳥や海流に乗ってやってくる魚など、生きもの自身や自然の力によって、移動してくるものも含まれる。

②外来生物法では、日本に持ち込まれた海外起源の生物であって、生態系や人の健康、農作物に被害を及ぼすもの、及ぼすおそれのあるものの中から特定外来生物を指定し、規制している。

③特定外来生物には、元々ペットとして飼われていたアライグマや、食用として放流されたオオクチバス、輸入貨物に付着して入ってくるヒアリなどが指定されている。

④外来生物対策は、「入れない」（水際で止める）、「捨てない」（環境中に放たない）、「拡げない」（生息の拡大を防ぐ）ことが重要である。

ウ「エコロジカル・フットプリント」に関する次の①〜④の記述の中で、その内容が最も<u>不適切なもの</u>を1つ選びなさい。

①エコロジカル・フットプリントは、人間の活動がどれほど自然環境に負荷を与えているかを表す指標のひとつである。

②エコロジカル・フットプリントは、ある製品や素材に関して、その生産のために移動され、変換される自然界の物質の相対量を重さで表し、環境負荷を評価する。

③エコロジカル・フットプリントは、環境への負荷量を陸域と水域の面積で表す。

④1人当たりのエコロジカル・フットプリントは、全般的に先進国ほど大きく、開発途上国は小さくなる。これは、先進国に暮らす人々ほど、より大きな影響を環境に及ぼしていることを表している。

模擬4 問題

エ 「廃棄物の不法投棄」に関する次の①〜④の記述の中で、その内容が最も<u>不適切なもの</u>を1つ選びなさい。

①廃棄物処理法の規定にしたがって適正に処理されず、不法に投棄される廃棄物は、1990年代から2000年前後のピーク期より減少したものの、毎年発見されている。

②建設系廃棄物が件数、量とも不法投棄全体の70.5%（およそ4分の3弱）程度を占め、最も多い。

③不法投棄の撤去などの原状回復については、原則として不法投棄現場が存在する自治体が、自らの責任・費用負担で行わなければならない。

④不法投棄対策は、未然防止と早期発見・早期対応による拡大防止が重要であり、都道府県などによる監視活動の強化などが行われている。

オ 「アスベスト」に関する次の①〜④の記述の中で、その内容が最も<u>不適切なもの</u>を1つ選びなさい。

①アスベストは、断熱、防音、絶縁、耐腐食・摩擦などに優れ、かつては鉄骨への吹き付けなどの建材、ブレーキライニング、石綿セメント高圧管などに幅広く使われていた。

②アスベストの危険性から、日本では1975年に吹き付けが原則禁止されるなど規制が強化されたが、全面禁止には至らず、現在もアスベスト製品の生産が続いている。

③アスベストの吸引から健康被害の発症までの潜伏期間が40年にも及び極めて長いことから、現在もなお被害者が発生し続ける事態を招いている。

④既存の建築物に依然残されているアスベストが、解体・改修時に飛散することが懸念されており、解体・改修作業への規制が強化されている。

eco 検定模擬問題 5

第1問

	ア	イ	ウ	エ	オ
	正① 誤②	正① 誤②	正① 誤②	正① 誤②	正① 誤②
	カ	キ	ク	ケ	コ
	正① 誤②	正① 誤②	正① 誤②	正① 誤②	正① 誤②

第2問 2-1 / 2-2

第3問 ア イ ウ エ オ ① ② ③ ④ / カ キ ク ケ コ ① ② ③ ④

第4問 ア イ ウ エ オ カ キ ク ケ コ ⓪ ① ② ③ ④ ⑤ ⑥ ⑦ ⑧ ⑨

第5問 ア イ ウ エ オ ① ② ③ ④

第6問 ア イ ウ エ オ カ キ ク ケ コ ① ② ③ ④

第7問 ア イ ウ エ オ ① ② ③ ④

第8問 ア イ ウ エ オ カ キ ク ケ コ ① ② ③ ④

第9問 9-1 / 9-2 マークシート（ア イ ウ エ オ、各 ⓪①②③④⑤⑥⑦⑧⑨）

第10問 マークシート（ア イ ウ エ オ、各 ①②③④）

採点表

		1 回 目	2 回 目	配 点
第 1 問		点	点	10点
第2問	2−1	点	点	5点
	2−2	点	点	5点
第 3 問		点	点	10点
第 4 問		点	点	10点
第 5 問		点	点	10点
第 6 問		点	点	10点
第 7 問		点	点	10点
第 8 問		点	点	10点
第9問	9−1	点	点	5点
	9−2	点	点	5点
第 10 問		点	点	10点
合　　計		点	点	合 格 基 準 70点

模擬5 問題

第1問 次の文章のうち、内容が正しいものには①を、誤っているものには②を選びなさい。

IBT・CBT過去出題問題 （各1点×10）

ア 環境基本法では、公害は自然災害を含めて人の健康または生活環境に関わる被害が生じること、と定めている。

イ 海の中では、サンゴ礁とかかわりをもつ生き物やサンゴ礁に依存している生き物の種類が非常に多いことから、サンゴ礁は「海の熱帯林」とも表現されている。

ウ 金属資源については採掘できる量に限りがあり、これまでに採掘した資源の量（地上資源）と、現時点で確認されている採掘可能な鉱山の埋蔵量（地下資源）を比較すると、すでに金や銀は地下資源よりも地上資源のほうが多いと推計されている。

エ 植物を燃焼させると CO_2 が発生するが、その植物は生長過程で CO_2 を吸収しているので、ライフサイクル全体で見ると大気中の CO_2 は増加しないとする考え方をカーボンオフセットという。

オ 地熱発電は、地下の地熱エネルギーを使うため枯渇する心配がなく、常時蒸気を噴出させるため発電も連続して行われる。しかし、適地が国立公園や温泉地域と重なることが多く、行政や地元関係者との調整が必要なことが課題である。

カ 環境保全の取り組みを推進する経済的負担措置として、環境税や環境負荷量に応じて徴収する排出課徴金などの制度がある。日本では、経済への影響が大きいとして、化石燃料への環境税は実施されていない。

キ 地球を取り巻く厚い大気は、そのほとんどが温室効果のない窒素と

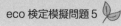

酸素で占められており、CO₂などの温室効果ガスの濃度は低いが、この温室効果ガスがまったくないと現在約15℃の地表の平均気温は0℃前後に下がると推計されている。

ク 2012年に導入された再生可能エネルギーの固定価格買取制度（FIT）は、太陽光発電設備等の投資費用を回収し、利益を生み出せることから設備導入が急速に進んだ。その電力の買い取り費用は電力会社が負担しており、需要家の負担はない。

ケ 放置された里山などではシカやイノシシが増えすぎており、自然生態系への影響及び農林産業への被害が深刻化している。このため、鳥獣の狩猟の適正化や捕獲等の促進とともに、捕獲されたシカやイノシシなどをジビエとして食材の利用促進が行われている。

コ 粗大ごみ以外の家庭ごみについて、家庭ごみの排出抑制の徹底を目的として収集を有料化する市区町村が増えており、環境省調査によれば、全市区町村の半数を超える市区町村で有料の指定ごみ袋の導入などにより、家庭ごみの収集の手数料を徴収している。

2-1
「水の循環」について述べた、次の文章のア～オの［　］の部分にあてはまる最も適切な語句を、下記の語群から1つ選びなさい。　IBT・CBT過去出題問題（各1点×5）

模擬5 問題

　地球上には、固体、液体、気体の3つの状態の水が存在しているが、そのほとんどは海水であり、淡水はわずか［ア］％に過ぎない。しかもその大部分は極地の氷河や［イ］として貯蔵されており、わたしたち人間を含む生物が利用できる淡水は、ごくわずかである。

海面や陸上の水が太陽の熱を吸収して水蒸気となって対流圏上空まで上昇し、そこで冷やされて雲になり、やがて雨や雪となって陸地に降り注ぎ、河川に流れ込んで再び海へと戻っていく。この一連の流れは「[ウ]」と呼ばれる。この流れの中で、海水の蒸発は真水をつくる自然の淡水化プラントとして、雲は天空の[エ]としての働きをしているということもできる。

河川に流れ込んだ水は、上流の森や土中から窒素やリン、カリウムなどの栄養分を運び、河川に豊かな生態系をつくりだす。海まで運ばれた栄養分は、[オ]や海藻を繁茂させ、魚や貝類が生息する海中生態系を育てる。海にたくさんの生物が棲めるのは川とその流域のおかげということができる。

[語群]

① 2.5　　　　② 7.5　　　　③ 10.0　　　　④ 深層水
⑤ 伏流水　　⑥ 地下水　　⑦ 全循環　　⑧ 水循環
⑨ 深層循環　⑩ 貯水池　　⑪ 浄化槽　　⑫ 緑のダム
⑬ バクテリア　⑭ 原生動物　⑮ 植物プランクトン

第2問 2-2
「海洋ごみ」と「プラスチック」について述べた次の文章のア〜オの[　]の部分にあてはまる最も適切な語句を、下記の語群から1つ選びなさい。（各1点×5）

海洋汚染の主な原因としては、直接または河川などを経由した[ア]の汚染が全体の7割といわれているが、近年、特に問題視されているのは海洋プラスチックごみである。海洋プラスチックごみは世界全体で1.5億トンが海中に漂流し、さらに、波や紫外線などの影響で[イ]プラスチックとなって汚染を引き起こすといった、海洋生態系への影響や、漁業や観光への影響等さまざまな問題を引

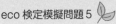

き起こしている。

　こうしたことから、欧米で［**ウ**］プラスチックの禁止や抑制をめざす取り組みが進んでおり、2015年のハンブルグサミットでは「海洋ごみに対する行動計画」が合意された。

　さらに、2019年のG20環境・エネルギー大臣会合では適正な廃棄物管理や海洋プラスチックごみの回収などについて、自主的な取り組みを実施するとともに、その成果を共有するための［**エ**］への合意がなされ、G20大阪サミットでは、プラスチックのライフサイクルでの対策を通じて2050年までに追加的な汚染をゼロにまで削減することをめざした、大阪［**オ**］の共有に至っている。

　［語群］
①バーゼル条約　　　　　　②G20海洋プラスチック対策実施枠組み
③ブルーオーシャン・ビジョン　④パブリックコメント
⑤マイクロ　　　　　　　　⑥ライフサイクルマネジメント
⑦リサイクル　　　　　　　⑧海底鉱物資源の開発
⑨使い捨て　　　　　　　　⑩船舶からの汚染
⑪大気を通じての汚染物の降下　⑫北西太平洋地域海行動計画
⑬廃棄物の海洋投棄　　⑭陸上起因

第3問 次の文章が説明する内容に該当する最も適切な語句を、下記の中から1つ選びなさい。

（各1点×10）

ア 水の使用量とその影響を示す指標で、製品などの原材料の栽培・生産、製造・加工、輸送・流通、消費までのライフサイクルで直接的・間接的に消費・汚染された水の量を表す。
①ウォーターフットプリント　　②バラスト水
③水資源賦存量　　　　　　　　④バーチャルウォーター

イ 東京 2020 オリンピック・パラリンピックにおける食材調達基準となったことを契機として、認証取得経営体数が増加し、2020 年度末に 7,857 経営体を認証している制度のこと。

①6 次産業 ②GAP ③JAS ④MEL

ウ SDGsの17の目標のうち、「持続可能な生産・消費」をめざすロゴマーク。

①
②
③
④

エ 社会を考え、自分の意見をもち、行動できる市民を育てる教育のこと。

①三方よし ②参加型会議
③持続可能な開発のための教育 ④シチズンシップ教育

オ 汚染された表土の削り取り、枝葉の除去／洗浄、表土と下層の土の入れ替えなどの措置のこと。

①浚渫措置 ②移染措置
③除染措置 ④浄化措置

カ 政策形成過程への市民参加に関する制度の一つで、行政機関が政策を立案し決定しようとする際に、あらかじめその案を公表し、広く国民から意見、情報を募集する手続きのこと。

①コンセンサス会議 ②パブリックコメント制度
③市民パネル会議 ④情報公開制度

キ 公共用水域（河川、湖沼、沿岸海域など）に汚水や廃液を排出する工場などの事業所に規制基準を定めた法律。東京湾、伊勢湾、瀬戸内海など人口や産業が集中して汚濁が著しい広域的閉鎖性海域では、COD や窒素、りんの排出総量を計画的に抑制する水質総量規制制度が、同法に基づき適用されている。

①環境基本法　　　　　　　　②湖沼水質保全特別措置法
③水循環基本法　　　　　　　④水質汚濁防止法

ク 2003 年 9 月に発効した、バイオセーフティに関する議定書。遺伝子組み換え生物の輸出入などに関する手続きなどを定めた。

①京都議定書　　　　　　　　②名古屋議定書
③カルタヘナ議定書　　　　　④ソフィア議定書

ケ 過去に損なわれた自然環境の保全、再生、創造または維持管理の推進を図るため、2003 年 1 月に施行された法律。

①自然再生推進法　　　　　　②自然公園法
③自然環境保全法　　　　　　④景観法

コ オフィスを離れたリゾート地などでリモートワークなどを活用して仕事をしつつ休暇も取得する働き方。

①スローライフ　　　　　　　②ワーケーション
③ロハス　　　　　　　　　　④グリーントランスフォーメーション

模擬5 問題

「SDGs」と「新型コロナウイルス感染症」及びその関連事項について述べた次の文章のア〜コの［　］の部分にあてはまる最も適切な語句を、下記の語群から1つ選びなさい。　　　　　　　　　　　　　（各1点×10）

　SDGsには「17の目標」がある。17の目標のゴール1は「あらゆる場所のあらゆる形態の［**ア**］を終わらせる」ことであるが、新型コロナウイルスの影響で、新たに11,900〜12,400万人が極度の［**ア**］に陥っているとされる。ゴール2には「［**イ**］を終わらせ、食糧安全保障及び栄養改善を実現し、持続可能な農業を促進する」ことが掲げられているが、［**イ**］人口の増大も懸念されている。

　ゴール3の「健康な生活」は、世界的な新型コロナウイルスの流行により、先進国も途上国も大きな危機にさらされている。国内外で徹底的な取り組みと、人命と経済の難しい舵取りが求められているが、政策の実施におけるシナジーと［**ウ**］の関係性への留意は、SDGsの目標間におけるものと同様に、重視していかなければならないものである。

　また、ゴール5の「ジェンダー平等」の主な内容は「ジェンダー平等を達成し、全ての女性及び女子の［**エ**］を行う」ことである。ゴール8は、「雇用」である。コロナ禍による影響は雇用や働き方にも現れている。ゴール14は「海洋」であり、特に［**オ**］は国際間での取り組みが喫緊の課題である。

　SDGsの17の目標は「環境、経済、社会」の幅広い分野にわたっているが、それぞれの目標間の関連が強調されており、全ての目標に対して「統合的」に取り組むことが求められている。また、SDGsの基本理念の1つには［**カ**］がある。象徴的なフレーズとして「誰一人取り残さない（leave no one behind））」があげられるように、社会的に弱い立場の人々への取り組みが明示的に求められている。

　このように舵取りが難しい時代だからこそ、原則的な考えをしっかり基盤に置くことが重要だ。

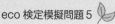

　SDGsの前提であり、基本的な考え方である「持続可能な開発」のキーワードとして「5つのP」がある。この5つのPの概念には、People（人間）、Planet（地球）、Prosperity（繁栄）、[キ]、Partnership（パートナーシップ）が含まれていることを忘れてはならない。

　そして、持続可能な開発を推進するためには「持続可能な開発のための教育（ESD）」が欠かせない。

　こうした背景もあり、[ク]は、ESD推進ネットワークの拡充に向けて、ESD活動支援センターや地方ESD活動支援センターを設置している。

　さらに、社会教育においては、現在も自治体や公民館や博物館などを中心とした環境教育・ESDが進められているほか、NPO・NGOによる自然体験教育や環境人材育成分野での活動が続けられている。

　日本では復興・成長戦略の柱として「経済と環境の好循環」を掲げており、産業界からはデータとデジタル技術を活用して新たなサービスやビジネスモデルを展開する[ケ]や、経団連の新成長戦略などが推進されているが、あわせて長期的な視点も忘れず、ESDによる人材教育や、[コ]による分散化の促進を続けるなど、大局観も備えたうえで「持続可能」にする土台の構築が、いまこそ求められている。

[語群]
①健康な生活	②包摂性
③エンパワーメント	④バックキャスティング
⑤HLPF	⑥GAP
⑦海洋ごみ	⑧バイオマスプラスチック
⑨PDCA	⑩PFI
⑪Profit（利益）	⑫Peace（平和）
⑬都道府県庁	⑭総務省
⑮文部科学省と環境省	⑯社会不安
⑰家事労働	⑱飢餓

模擬5
問題

⑲環境移民　　　　　　　　⑳貧困
㉑トレードオフ　　　　　　㉒イノベーション
㉓自然資本　　　　　　　　㉔Society5.0
㉕SDGs 未来都市　　　　　㉖デジタルトランスフォーメーション
㉗地域循環共生圏

第5問　次の問いに答えなさい。

IBT・CBT過去出題問題 （各2点×5）

ア 「環境ラベル」に関する次の①～④の記述の中で、その内容が最も
不適切なものを1つ選びなさい。

①有機食品の日本農林規格に適合した生産が行わ
れているか、第三者機関が審査・認定した事業
者が生産する農産物に表示されている。

②環境に大きな負担をかけず、地域社会に配慮
し、持続可能な方法で養殖された水産物に表
示されている。

③廃棄する際に新たな廃棄料金の負担がない家庭向け
パソコンに貼付されている。

④熱帯雨林や野生生物・水資源の保護、そこで働く人々
の労働環境向上などに関する基準を満たした農園を
認証するマーク。

イ 「RE100の実現に向けた取り組み」に関する次の①～④の記述の
中で、その内容が最も不適切なものを1つ選びなさい。

①太陽光発電設備を導入する。

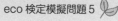

②再エネ電力証書を購入する。

③原子力発電由来の電気を購入する。

④地熱発電由来の電気を購入する。

ウ 「代替フロン」に関する次の①〜④の記述の中で、その内容が最も<u>不適切なもの</u>を1つ選びなさい。

①オゾン層破壊性の大きい特定フロン（CFCなど）の代替として、オゾン層破壊性のないHFCなどの代替フロンが使われるようになってきた。

②特定フロンや代替フロンは、様々な製品の塗装剤として使われてきた。

③代替フロンは、高い地球温暖化係数を持ち、地球温暖化を引き起こす力が強いため、大気中に放出しないよう確実な回収が必要となっている。

④製品の使用時の代替フロンの漏洩対策や使用後の確実な回収、破壊のための対策として、フロン排出抑制法による対策、家電リサイクル法や自動車リサイクル法による回収が行われ、代替フロンのライフサイクル全体を対象とする包括的な対策が実施されている。

エ 「廃棄物の国際移動」に関する次の①〜④の記述の中で、その内容が最も<u>不適切なもの</u>を1つ選びなさい。

①使用済みの家電や電子機器が途上国に輸出され、不適切なリサイクルにより、こうした機器に含まれる鉛やカドミウムが環境を汚染するE-waste問題が発生している。

②廃家電などは、家電リサイクル法、小型家電リサイクル法により回収、リサイクルが進められているが、違法に回収された廃家電などが途上国に運ばれ、不適切に処理されることが懸念されている。

③先進国の有害な廃棄物が途上国に持ち込まれ、環境汚染を引き起

こさないよう、ワシントン条約が締結され、有害な廃棄物の越境移動が管理されている。

④日本は廃プラスチックを中国などに多く輸出していたが、2017年末に中国政府が輸入を禁止したことから、国内での安定したリサイクル体制の整備が重要な課題となっている。

オ 「ソーシャルビジネス」に関する次の①〜④の記述の中で、その内容が最も<u>不適切なもの</u>を1つ選びなさい。

①ソーシャルビジネスは、これまで行政が解決できない課題や従来のビジネスが事業にしてこなかった社会的課題を解決していく事業で、公共サービスに民間の力を活用する事業形態である。

②企業、団体などでSDGsの達成に向けての取り組みが実施されているが、ソーシャルビジネスは、より社会的課題の解決を目的にした事業形態である。

③主にソーシャルビジネスを行うことを目的として活動する事業主体のことをソーシャルビジネス事業者といい、社会起業家といわれる場合もある。

④ソーシャルビジネスは、その多くが無償の奉仕を前提としており、活動収入も行政からの収入や、その他寄付に頼っている。

第6問 次の文章の [ ] の部分にあてはまる最も適切な語句を、下記の中から1つ選びなさい。

IBT・CBT過去出題問題 （各1点×10）

ア 持続可能性な社会であるかを測る指標としては、人間の活動がどれほど自然環境に負荷を与えているかを陸域と水域の面積で表す[ア]がある。

①人間開発指数（HDI）　　②資源生産性

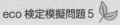

③国民総幸福量（GNH）　　　④エコロジカル・フットプリント

イ 過剰に投入された肥料、不適切に処理されている家畜糞尿、生活排水を排出源とする［**イ**］により、環境基準を超えるレベルの地下水汚染が見つかっている。水域が富栄養化したり、汚染された水を飲用した乳児がチアノーゼを発症するなどの健康影響が懸念されている。

①揮発性有機化合物（VOC）　②カドミウム
③重金属　　　　　　　　　　④硝酸性窒素・亜硝酸性窒素

ウ ヒートアイランド現象に対して暑さをしのぐ適応策として、日射を遮蔽するテントの設置や緑のカーテン、樹木による木陰の創出や［**ウ**］などがある。

①雨水浸透桝の設置　　　　②ミスト（霧状の水）の噴霧
③地下水涵養　　　　　　　④公共交通機関の利用

エ EU 圏内で、大型及び小型家庭用電気製品、情報技術・電気通信機器、医療関連機器、監視制御機器など幅広い品目を対象にした［**エ**］は、各メーカーに自社製品の回収・リサイクル費用を負担させる法規制である。

①WEEE 指令　　　　　　②RoHS 指令
③EuP 指令　　　　　　　④REACH 規則

オ 2019 年に、資源・廃棄物制約、海洋プラスチックごみ問題などに対応するため、第 4 次循環基本計画を踏まえ［**オ**］を基本原則とした、「プラスチック資源循環戦略」が策定され、2020 年にレジ袋が有料化された。また、2022 年 4 月にプラスチック資源循環促進法が施行された。

①3R ＋ Reduce　　　　②3R ＋ Reuse
③3R ＋ Recyle　　　　④3R ＋ Renewable

カ 国際自然保護連合（IUCN）は、絶滅のおそれのある野生生物種の一覧表である［**カ**］を作成しており、2021年の公表では、学名のついた既知種のうち40,048種が絶滅危惧種として選定され、982種が絶滅または野生絶滅となっている。

① インベントリー　　　　　② グリーンペーパー
③ イエローブック　　　　　④ レッドリスト

キ 製品ライフサイクルの各段階におけるインプットデータ（エネルギーや天然資源の投入量など）、アウトプットデータ（環境へ排出される環境汚染物質の量など）を科学的・定量的に収集・分析し、評価する手法の［**キ**］は、製品の環境負荷低減やコスト削減などにも有効である。

① ESD　　　　　　　　　② LCA
③ NDC　　　　　　　　　④ ODA

ク 日本の世界自然遺産は、これまで知床や白神山地など4カ所であったが、2021年7月に［**ク**］が、登録されて5カ所になった。

① 石垣島・八重山列島
② 奄美大島・徳之島・沖縄島北部及び西表島
③ 宮古列島
④ 沖ノ鳥島

ケ　下図は、2020年度までの産業部門、運輸部門、家庭部門、業務その他部門、熱・電気分配後のエネルギー転換部門の部門別 CO_2 排出量の推移である。排出量が最も多く推移しているのは［ケ］である。

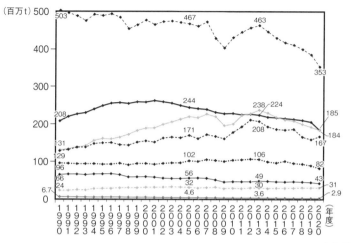

出典：環境省

①運輸部門（自動車・船舶など）
②産業部門（工場など）
③家庭部門
④業務その他部門（商業・サービス・事業所など）

コ　一般の住宅では、窓などの開口部からの熱の出入りが大きいので、窓を［コ］や断熱サッシにすることで、大きな省エネルギー効果が得られる。
　①複層ガラス　　　　　　　②無反射ガラス
　③強化ガラス　　　　　　　④耐熱ガラス

模擬5　問題

第7問 「パリ協定」について述べた次の文章を読んで、ア〜オの設問に答えなさい。　　　　　　　　　　（各2点×5）

　地球温暖化は、人為的に排出される温室効果ガス（GHG）が原因であり、その悪影響は地球規模で拡大するため、国際協力を通じた取り組みが必要である。そこで、ⓐ気候変動の緩和や適応の取り組みに関する決定が行われてきた。

　1997年のCOP3でⓑ先進国に対して法的な拘束力を持ったGHG削減の数値目標が国ごとに設定されたことを受け、日本でも国民運動が展開されるなどして、一定の成果を得た。

　しかし、その後、参加先進国のみに削減を義務づけるだけでは不十分で、すべての国の取り組みを重要視すべきであるとして、先進国・途上国を含めた気候変動対策の進展が図られた。

　こうした世界的な流れにアメリカや中国も加わり、COP21のパリ協定の締結へとつながっていったのである。

　パリ協定の内容としては、世界的な平均気温上昇を抑えるための目標が掲げられている。

　緩和策として、各国は5年ごとに排出削減目標を掲げることになっているが、前の期よりも進展させた目標を掲げなければならない。ⓒ適応策としては、適応能力を拡充するとともに、脆弱性を把握し、地域特性にあった適応策を進めていくことが重要である。さらに、ⓓ適応できる範囲を超えて発生する気候変動の影響を「被害と損失」として考慮し、救済するための国際的仕組を整えていくこととした。

　世界の気候変動対策の転換点にあたって、2020年11月にⓔ離脱した国はあるものの、すでに復帰しており、これからも国際的な基調はパリ協定を土台としていくことが確認されている。

［設問］

ア 下線部ⓐのように、緩和と適応が地球温暖化対策の基本となる。その「緩和策」と「適応策」について述べた次の文章のうち、最も適切なものを1つ選びなさい。

①地球温暖化防止策の大きな柱は2つあるが、まずは適応策であり、温室効果ガス（GHG）の排出を削減して地球温暖化の進行を防止したり、GHGの吸収を促進するため、森林保全対策などを推進したりすることが重要である。

②日本のGHGの総排出量の約92％は二酸化炭素（CO_2）であり、エネルギー起源のCO_2の排出量が約85％を占めることから、適応策の重点はエネルギー対策となっている。

③民生部門における緩和策として、地域レベルでのコージェネレーションの普及、ヒートアイランド対策、断熱・空調など建築物における高性能省エネルギー化、省エネ製品の普及促進などがあげられる。

④発電施設の高効率化などによって電力の低炭素化を図ることも適応策であり、エネルギーの供給段階での対策として重要である。

イ 下線部ⓑの削減目標を達成するため、当時、各種の国民運動が展開された。近年、従来からの運動に加え、省エネ・低炭素型の製品やサービス、行動などを促す目的で2015年から始められた国民運動はどれか。最も適切な語句を下記の中から1つ選びなさい。

①ナッジ　　　　　　　　②チーム・マイナス6％
③地域循環共生圏　　　　④ COOL CHOICE

ウ 下線部ⓒに関連して、気候変動への適応計画に基づく対策部門別の「適応策」の例として最も適切なものを、下記の中から1つ選びなさい。

①自然災害……損害保険などによる取り組みの促進、適応技術の開

発。

②健康……熱中症の予防法の普及啓発、感染症媒介蚊の発生防止・駆除。

③自然生態系……高温耐性の水稲・果樹の品種の開発・普及改良、適切な病害虫の防除。

④国民生活・都市生活……渇水対策のタイムラインの策定、生活排水などの排水対策。

エ 下線部ⓓについて、その取扱いを何というか。最も適切なものを、下記の中から1つ選びなさい。

①ハザードマップ   ②モニタリング
③ロスアンドダメージ   ④レジリエンス

オ 下線部ⓔにあてはまる最も適切な国名を、下記の中から1つ選びなさい。

①中国   ②アメリカ
③ロシア   ④イギリス

第8問 次の語句の説明として最も適切な文章を、下記の選択肢から1つ選びなさい。

（各1点×10）

ア スマートグリッド
[選択肢]
①ICカードやスマホだけで、サイクルポートから自転車を借り出し、別のポートで返すことが可能なシステム。
②環境省が推進している「公共交通機関を利用しよう」、「自転車、

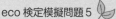

徒歩を見直そう」といった5つの取り組み。

③情報通信技術を使い、人と道路と車両とを情報ネットワークで結ぶことにより、交通事故、渋滞などの道路交通問題の解決を図るしくみ。

④情報通信技術を活用して効率的に電力の需給バランスをとり、送電調整などを可能にする電力網。

イ **デカップリング**

[選択肢]

①企業による社会貢献活動のなかでも、企業がコンサートや美術展などの文化事業の主催や資金援助を行う芸術文化支援のこと。

②経済成長とそれにともなって生じる環境負荷を切り離し、環境負荷の増加率が経済の成長の伸び率を下回っている状況をつくりだすこと。

③提供する製品やサービスを通じて、社会的な問題解決に貢献するという考え方。

④携帯電話、ゲーム機、デジカメなどの小型家電製品には、金、銀などの貴金属やレアメタルが含まれており、都市で大量に排出されるこれらの廃棄物を抽出して再利用すること。

ウ **生態系ネットワーク**

[選択肢]

①環境、福祉、教育、国際協力など社会的使命の達成のために設立された、団体の構成員に対し収益を分配することを目的としない団体の総称。

②人間が生活する上で欠かせない、清浄な大気や水、食料や住居・生活資材など、自然環境から受け取っている多くの "恵み" のこと。

③干潟、サンゴ礁、森林、湿原、河川など、いろいろなタイプの生態系がそれぞれの地域に形成されていること。

④野生生物の生息地を森林や緑地、水辺などで連絡することで、生物の生息空間を広げ、多様性の保全を図ろうとするもの。

模擬5 問題

エ 資源生産性
[選択肢]

①いわゆるリサイクル率のこと。排出された廃棄物がどれくらい再生利用されているかを示す指標である。

②入口側の循環利用率（経済社会に投入されるものの全体量のうち循環利用量の占める割合）と出口側の循環利用率（廃棄物等の発生量のうち循環利用量の占める割合）の2つで構成されている。

③産業や人々の生活がいかに天然資源を効率的に使用して経済的付加価値を生み出しているかを測る指標であり、[国内総生産（GDP）／天然資源等投入量]で求めることができる。

④水中の汚染物質を化学的に酸化し、安定させるのに必要な酸素の量。値が大きいほど水質汚濁は著しく、主に海域や湖沼の汚染指標として使用される。

オ ESCO事業
[選択肢]

①企業の財務面だけでなく、環境、社会、ガバナンスの3つの視点を含めて判断された投資先の事業。

②工場やビルなどの事業者が省エネルギーに必要な技術、設備、人材、資金などを包括的に契約者に提供して、その代価を省エネルギーによる光熱水費の削減分で賄う事業。

③植林や再エネ・省エネ設備の導入などにより温室効果ガスの吸収・削減を行った者が販売できる「温室効果ガスの吸収・削減量」のこと。

④公共施設等の建設、維持管理、運営等を民間の力を活用して行う事業。

カ 黄砂
[選択肢]

①工場などから排出されるばいじんや粉じん、およびディーゼル自動車の排気ガスの中の黒煙などのほか、大気中のSOxやNOx、VOCなどのガス状物質が粒子化することで生成するものもある。

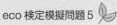

②アジア大陸の乾燥地帯から、大量の微細な砂じんが風で吹き上げられ、上空の偏西風に乗って日本へ飛来し、広い範囲で地上に降下する現象。

③石炭や石油などを燃やしたとき、中の硫黄分が空気中の酸素と結合し、発生する物質。

④乾いた土地で農作物に地下水を汲み上げてまき続けると、水中・地中に含まれるわずかな塩分が地表付近で凝結してしまうこと。

キ バーゼル条約
[選択肢]

①バルト海沿岸9か国及びEUが締約国となり、有害物質の排出等を規制している。

②有害廃棄物の輸出時には、事前に相手国に通告し、同意なしでは輸出できないことや、不適正な輸出や処分行為が行われた場合の返送（シップバック）の義務などを規定している。

③陸上で発生した廃棄物を海洋投棄すること、および洋上焼却することによる海洋汚染の防止を目的としている。

④船舶などからの有害液体物質などの排出の規制に関する条約。

ク エコアクション21
[選択肢]

①建築物の環境配慮や建物の品質を総合的に評価するシステム。

②組織の社会的責任に関する手引き。あらゆる種類の組織を対象にしており、説明責任、透明性、倫理的行動などの原則や、社会的責任を実践していくための具体的な内容などを規定している。

③中小企業などが効果的・効率的・継続的に取り組むことを狙いにした日本独自のEMSとして環境省が基準を定めたマネジメントシステム。

④環境マネジメントシステムの国際規格。組織として何を改善対象にし、どのレベルまで改善するのか、すべて自主的に環境改善計画を立て、実施し、達成を点検することにより、環境負荷の低減を図っていくことを求めている。

🍃 **ケ コンポスト**

［選択肢］

①市街地の増加に伴う緑地の減少に対して、市街化区域内に環境機能を維持するため保存すべきエリアを認可し、税制面や制度面で支えるもの。

②森林、湖沼、湿地、岩場、砂地などの生態系が保たれている生息空間のこと。人工的に、ビルの屋上につくられた小さなものから、自然公園など大きなものまである。

③生ごみなどの有機性廃棄物を微生物の働きによって分解し、堆肥にする方法、技術、もしくは堆肥そのもの。有機肥料が生成でき、化学肥料の低減などにつながる。

④有機性の汚濁物質を多く含む排水を、バクテリアを含む好気性微生物などを繁殖させる生物化学的なやり方で処理する方法。

🍃 **コ エシカル消費**

［選択肢］

①開発途上国への政府開発援助がその国の環境や社会に悪影響を与えないように情報の透明性や説明責任を確保して行う活動。

②開発途上国から原料や製品を輸入する際に、開発途上国の生産者や労働者の生活改善や自立をめざして、適正な価格で継続的に購入する公平・公正な貿易。

③社会を構成する一員である企業は、持続可能な社会の実現に向けて自らの社会的責任を果たさねばならないという考え。

④環境への配慮だけでなく、素材の選択や製造プロセス、待遇や対価の面で差別のない労働など、社会的な課題も視野に入れて配慮する消費のスタイル。

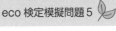

第9問

9−1
「製品の環境配慮と、環境配慮設計」について述べた、
次の文章のア～オの［　］の部分にあてはまる最も適切
な語句を、下記の語群から1つ選びなさい。（各1点×5）

　わたしたちが使用している工業製品は、鉱石、石油、木材などの
原料から種々の段階を経て作られている。こうした製品を作るため
に必要な資源の採取から、製造、使用、再資源化、廃棄（埋め立て）
までの一連の段階からなる製品の一生を、［ア］といい、「［ア］全
般にわたって、環境への影響を考慮した設計」のことを環境配慮設
計という。

　そして、製品の原料の採取から、廃棄・リサイクルされるまでの
一連の段階において、環境にどのような影響を及ぼす可能性がある
かを評価する代表的な手法に［イ］がある。これはそれらの一連の
段階におけるエネルギーや天然資源の投入量などのインプットデー
タ、環境へ排出される環境汚染物質の量などのアウトプットデータ
を科学的、定量的に収集・分析し、環境への影響を評価する手法で
ある。

製品のライフサイクルと環境負荷（工業製品の例）

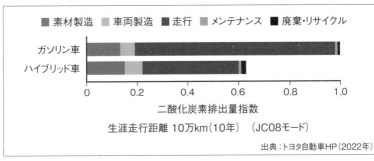

二酸化炭素排出量指数
生涯走行距離 10万km（10年）　（JC08モード）

出典：トヨタ自動車HP（2022年）

　多くのメーカーがこの手法を活用して製品の環境負荷の低減やコ
スト削減などに役立てている。

　たとえば、自動車の場合は［ウ］部分の二酸化炭素排出量が［ア］

模擬
5
問
題

167

の約80％を占めることから、環境負荷の低減には燃費の改善が効果的であるとわかり、大きな燃費改善を行ったというのがハイブリッド車である。

　また、この［イ］の手法を活用し、温室効果ガスに加え、水質汚濁、廃棄物の量など、商品ライフサイクルの中で発生する多様な環境への影響を算定し、公開していることを示す環境ラベルの［エ］や、算出された温室効果ガス排出量を二酸化炭素の量に換算して商品に表示する［オ］制度は、消費者に対して製品が環境に与える影響を「見える化」するものである。

　こうした目印や指標を、グリーン購入の判断基準や、環境負荷削減効果の算出、環境負荷の低減に役立てていくことが期待される。

［語群］

①製品のライフサイクル　　②ライフサイクルアセスメント
③戦略的環境アセスメント　④天然資源
⑤設備費用　　　　　　　　⑥作業時間
⑦素材製造　　　　　　　　⑧車両製造
⑨走行　　　　　　　　　　⑩メンテナンス
⑪廃棄・リサイクル　　　　⑫エコマーク
⑬エコリーフマーク　　　　⑭サプライチェーンマネジメント
⑮カーボンフットプリント　⑯エコロジカル・フットプリント

第9問 9-2
「エコツーリズムとエコツアー」について述べた、次の文章のア〜オの［　］の部分にあてはまる最も適切な語句を、下記の語群から1つ選びなさい。　（各1点×5）

　エコツーリズム推進会議では、エコツーリズムの概念を「［ア］や歴史文化を対象とし、それらを体験し学ぶとともに、対象となる地域の［ア］や歴史文化の保全に責任をもつ観光のあり方」としている。

　2008年4月に施行された「エコツーリズム推進法」は、地域の創意工夫を活かした［ア］の保全、観光振興、地域振興、［イ］の推進を図ることを目的としている。同法に基づき、全国から20の「エコツーリズム推進全体構想」が策定され国の認定を受けている（2022年4月5日現在）。

　このエコツーリズムの考え方を、それぞれの土地で展開し、具体的な旅のプログラムとしたものがエコツアーである。エコツアーは、エコツアーガイドやネイチャーガイドなどが案内役を務める。エコツアーには、世界遺産を訪ねる旅行や、農村や里山に滞在する都市農村交流の［ウ］、アグリツーリズムや、漁村での体験活動を通じて水産業及び漁村に対する理解を深める［エ］などがある。

　エコツアーの盛んなところでは、迎える人と、訪れる人との交流で地域が活性化されるなど、［オ］にもつながっている。

[語群]
①地域環境　　　　②自然環境　　　　③景観地区
④環境教育　　　　⑤緑の回廊　　　　⑥ナショナルトラスト
⑦グランピング　　⑧グリーンツーリズム
⑨ブルーツーリズム　⑩環境アセスメント
⑪地域循環共生圏　⑫まちおこし

第10問 次の問いに答えなさい。

（各2点×5）

ア 「東日本大震災（2011年）の東京電力福島第一原発の事故に伴って放出された放射性物質による環境汚染」に関する次の①～④の記述の中で、その内容が最も<u>不適切なもの</u>を1つ選びなさい。

①放射性物質による汚染については、放射性物質汚染対処特措法が制定され、除染特別地域は、国が直轄で除染を行った。

②地表に沈着した放射性物質が発する放射線からの「外部被ばく」と、農産物や水産物に移行した放射性物質を飲食物経由で経口摂取する「内部被ばく」と、その両方を防止する措置が重要となった。

③地表に沈着した放射性物質が雨水とともに下水処理場へ流入し、放射性物質で汚染された下水処理汚泥の発生と、その処理をどうするかという新たな問題に直面した。

④不法投棄と放射性物質で汚染された廃棄物に共通する課題として、廃棄物や津波堆積物、除染土壌などを一時的に保管する仮置き場や、これらの処理・処分施設の立地場所の問題がある。

イ 環境保全のための「規制的手法」に関する次の①～④の記述の中で、その内容が最も<u>不適切なもの</u>を1つ選びなさい。

①大気汚染物質に対する排出基準、水質汚濁物質に対する排水基準など、環境汚染物質の排出源に対して規制基準を設定する。

②自動車の排出ガスに対して排出基準を設定し、排出基準を満たさない自動車の使用を認めない。

③技術評価をしながら規制基準を随時引き上げていくトップランナー制度を採用すれば、民間の技術開発の意欲を失わせることなく、行為規制よりも費用を抑えることができる。

④国立公園の特別地域において、土地の形状変更など一定の行為に

ついては、許可を必要とする。

ウ 環境保全の取り組みにおける「基本原則」に関する次の①〜④の記述の中で、その内容が最も<u>不適切なもの</u>を1つ選びなさい。

①汚染者負担原則とは、汚染の防止と除去の費用は汚染者が負担すべきであるとする考え方である。

②源流対策原則とは、科学的に確実でないということを、環境の保全上重大な事態が起こることを防止するための対策の実施を妨げる理由にしてはならないとする考え方である。

③協働原則とは、公共主体が政策を行う場合には、政策の企画、立案、実行の各段階において、政策に関連する民間の各主体の参加を得て行わなければならないという考え方である。

④未然防止原則とは、環境への影響は発生してから対応するのではなく、影響が発生する前に対策を講じて発生を防止するべきであるという考え方である。

エ 環境影響評価法に基づく「環境アセスメント制度」に関する次の①〜④の記述の中で、その内容が最も<u>不適切なもの</u>を1つ選びなさい。

①事業実施者は、アセスメントの実施に際し、事前に専門家や地域住民、関係行政機関などから意見を募り、アセスメントを行う環境要素の絞り込みを行う。

②アセスメントの対象となる事業は、道路、ダム、鉄道、飛行場、発電所、埋め立て・干拓などの大規模開発事業などであり、そのうち第一種事業についてはスクリーニングが義務づけられている。

③環境アセスメントとは、大規模な開発事業や公共事業を実施する事前の段階で、環境への影響を調査、予測、評価し、事業そのものを環境保全上、より望ましいものにしていく仕組みである。

④従来の環境アセスメントは、開発事業の方針や位置・規模などが決められた後の実施段階で行うため、環境配慮の検討の幅が限られていたが、より上位の計画段階や政策を評価対象に含める「戦

略的環境アセスメント」（SEA）の考え方が 2011 年 4 月の環境影響評価法の改正により導入された。

オ　「廃棄物の処理及び清掃に関する法律（廃棄物処理法）」に関する次の①〜④の記述の中で、その内容が最も<u>不適切なもの</u>を 1 つ選びなさい。

①爆発性、毒性、感染性そのほかの人の健康または生活環境に関わる被害を生じるおそれのある有害廃棄物も、廃棄物処理法の対象とされている。

②「廃棄物」とは、ごみ、粗大ごみ、燃え殻、汚泥、ふん尿などの汚物または不要物で、固形状または液状のものをいう。

③「一般廃棄物」は、産業廃棄物以外の廃棄物を指し、し尿や家庭から発生する家庭系ごみなどがこれに含まれる。

④「事業系ごみ」は、企業などの事業活動に伴って生じた廃棄物のうち、法令で定められた 20 種類のものと輸入された廃棄物をいう。

解答解説

第1問 （各1点×10）

ア. 正答…① 復習 テキスト P.47

日本の総人口は、2008年の約1億2,808万人をピークに年々減少しており、2021年10月時点で1億2,550万人である。2065年には総人口が9,000万人を割り込み、高齢化率は38％台になると推計されている。

イ. 正答…① 復習 テキスト P.25

SDGsの「5つのP」とは、People（人間）、Planet（地球）、Prosperity（繁栄）、Peace（平和）、Partnership（パートナーシップ）である。

ウ. 正答…② 復習 テキスト P.46

国連の「世界人口推計2022版」によると、世界人口は2058年に約100億人まで増加した後、2080年代に約104億人でピークに達し、2100年までその水準が維持されると予測されている。

エ. 正答…② 復習 テキスト P.194

エコロジカル・フットプリントは、人間活動により消費する資源の再生産と発生させる CO_2 の吸収に必要な生態学的資本を測定するもので、陸域と水域の面積で表される。最大収量、最大個体数、最大種類数などを示した設問文は環境収容力（P.47）の説明である。

オ. 正答…① 復習 テキスト P.49

漁獲量を主要漁業国・地域別に見ると、EU（欧州連合）・イギリス、アメリカ、日本などの先進国・地域は、過去20年間、おおむね横ばいから減少傾向で推移しているのに対し、インドネシア、ベトナムといったアジアの新興国をはじめとする開発途上国の漁獲量は増大しており、中国が1,345万tで世界の15％を占めている。

カ. 正答…① 復習 テキスト P.57

産業革命以降、人類による化石燃料の大量消費などにより温室効果ガス（GHG）が大量に排出され、大気中の温室効果ガスの濃度が高くなっていった。

キ．正答…② (復習) テキスト P.89

貯水池を発電機のある場所の上下に建設して、必要な時には上の貯水池から水を流して発電し、電力が余剰の時には下の貯水池から上の貯水池へ電力を使って水の汲み上げ（揚水）を行うのが、揚水発電である。温泉水などによって沸点の低い媒体を加熱・蒸発させてその蒸気でタービンを回し発電する方式は、バイナリー発電である。

ク．正答…① (復習) テキスト P.139

自動車リサイクルにかかる費用は、自動車を購入した際に支払う（先払い）再資源化預託金により賄われる。2020年度末においては8,048万台について残高8,600億円のリサイクル料金が預託されており、2021年度には304万台の使用済み自動車が引き取られた。

ケ．正答…① (復習) テキスト P.14

1972年は、環境問題が世界規模で本格的に議論されるようになった最初の年といえる。環境問題が地球規模で人類共通の課題になってきたのは、この頃からである。

コ．正答…② (復習) テキスト P.160

冬日とは、1日の最低気温が0℃未満の日のこと。1日の最高気温が0℃未満の日は、真冬日とよばれる。

東京で冬日がなかった冬は、1989年、1993年、2004年、2007年、2009年である。冬日の年間日数は、国内の各都市で減少しているとみられ、熱帯夜、真夏日、猛暑日の年間日数も、発現頻度の非常に少ない札幌を除いて増加しているとみられている（気象庁公式サイト「気温の階級別日数の長期変化傾向」より）。

🍃 第2問 2−1 （各1点×5）

ア．正答…②固定発生源 (復習) テキスト P.144

イ．正答…④粒子状物質 (復習) テキスト P.143

ウ．正答…⑧大気汚染防止法 (復習) テキスト P.144

エ．正答…⑩流入 (復習) テキスト P.205

ディーゼル車の流入規制は、東京都・埼玉県・千葉県・神奈川県共通の条例、兵庫県の条例など、自治体の条例によって整備されてい

る。大阪府も以前は流入規制を実施していたが、2023年に廃止となっている。

オ．正答…⑭パークアンドライド 復習 テキストP.159

第2問　2-2（各1点×5）

ア．正答…③サプライチェーン 復習 テキストP.218

原料の調達から販売までのサプライチェーンで情報を共有し、サプライチェーン全体の最適化を行うサプライチェーンマネジメント（SCM）を行い、一層の環境改善を行う例もある。

イ．正答…④オーガニックコットン 復習 テキストP.230

GOTS（オーガニックテキスタイル世界基準）の認証には、毒性のある薬剤を使用しないこと、衛生的で安全な労働環境であること、搾取や差別のない労働条件を満たしていることなど、社会的責任も含まれている。

ウ．正答…⑧マイクロプラスチック 復習 テキストP.115

マイクロプラスチックとは、一般に5mm以下の微細なプラスチック類のことであり、海洋生態系への悪影響や、海岸に大量に漂着するなどの問題を引き起こす。

エ．正答…⑫リユース 復習 テキストP.122

オ．正答…⑭ファストファッション 復習 テキストP.230

第3問　（各1点×10）

ア．正答…②特定外来生物 復習 テキストP.107

アライグマやオオクチバス、ヒアリ、ツマアカスズメバチなどは、外来生物法により特定外来生物に指定されている。「入れない」「捨てない」「拡げない」ことが重要である。

【参考】

①遺伝子組換え生物 復習 テキストP.99

③絶滅のおそれのある野生生物 復習 テキストP.96

④狩猟鳥獣 復習 テキストP.109

狩猟によって捕獲された野生の鳥獣。シカやイノシシ、クマ、ウサギ、カモなど。一部はジビエと呼ばれ食材として利用されている。

イ．正答…④エコまち法　復習 テキスト P.157

正式名称「都市の低炭素化の促進に関する法律」。市町村が市街化区域等について低炭素まちづくり計画を作成し、集約都市開発事業を実施したり、公共交通機関の利便性を向上させたりする仕組みとなっている。

【参考】

①建築物省エネ法　復習 テキスト P.83

2022年の法改正によって、すべての新築の住宅・非住宅に省エネ基準の適合義務を課すとともに、一定規模以上の事業者が新たに供給する住宅について、省エネ基準を超えるトップランナー基準を平均的に満たすことを努力義務として課す仕組みが設けられた。

②改正土地基本法〈テキスト外〉

土地基本法は、土地政策の基本的な方向性を示すことを通じて土地政策の総合的な推進を図るものであり、国民の権利や義務に影響を及ぼす制度は関係省庁所管の個別法により措置される。

③再生可能エネルギー特別措置法　復習 テキスト P.82

ウ．正答…③公害防止協定　復習 テキスト P.141

公害防止協定など関係者の自主規制は、法律の規制にとらわれず、対象項目、適用技術などを地域の実情に合った形で盛り込み、企業側の遵守状況も良好なことから、日本の産業公害の改善に大きく貢献したとの評価がある。

【参考】

①クリーン開発メカニズム（CDM）　復習 テキスト P.63

②環境アセスメント　復習 テキスト P.191

事業者が事業を実施する事前の段階で、環境への影響を調査、予測、評価し、自治体や住民の意見を参考にしながら、事業そのものを環境保全上、より望ましいものにしていく仕組み。早期の段階で合意形成を図ることで環境悪化を防止することが重要である。

④総量規制制度　復習 テキスト P.148

右側帯：模擬1 解答

エ. 正答…①地熱発電 復習 テキスト P.89

地熱発電は、地下の地熱エネルギーを使うため枯渇する心配がなく、常時蒸気を噴出させるため、発電も連続して行われる。しかし、開発期間が長いことや、立地地区が国立公園や温泉地域と重なることが多いため、行政や地元関係者との調整が必要なことなどが課題となる。

【参考】

②メガソーラー 復習 テキスト P.87

発電規模が1000kw（1mw）以上の出力を持つ太陽発電施設のこと。2020年時点で、メガソーラーを含めた日本の発電設備容量は7,187万kWで、世界で第3位である。

③小水力発電 復習 テキスト P.89

④揚水発電 復習 テキスト P.89

電力需要の低い夜間などに揚水した水を使って必要時に発電でき、蓄電設備として利用できる。

オ. 正答…②リサイクル 復習 テキスト P.122

原材料としての再生利用（マテリアルリサイクル）である。

【参考】

①リユース 復習 テキスト P.122

③ライフサイクルアセスメント 復習 テキスト P.218

④レジリエンス 復習 テキスト P.61

カ. 正答…④緑のカーテン 復習 テキスト P.161

直射日光を遮断することにより室内気温の上昇の抑制、建物の壁などへの熱蓄積防止、葉の蒸散作用による気温低下などの効果が期待できる。

【参考】

①クールスポット 復習 テキスト P.161

日射を遮蔽するテントの設置や緑のカーテン、樹木による木陰の創出、歩行者空間の風通しの確保、人工的なミスト（霧状の水）の噴霧、広場への噴水設置など、さまざまな方法がある。

②屋上緑化 復習 テキスト P.161

③緑の回廊 復習 テキスト P.106

キ．正答…②目標3 復習 テキスト P.25

SDGs の目標3「健康な生活」に、医薬品やワクチンの研究開発と結びつく内容がある。ターゲット 3.8 には「すべての人々に対する財政リスクからの保護、質の高い基礎的な保健サービスへのアクセス及び安全で効果的かつ質が高く安価な必須医薬品とワクチンへのアクセスを含む、ユニバーサル・ヘルス・カバレッジ（UHC）を達成する」とある。

ク．正答…③REACH 規則 復習 テキスト P.165、216

化学物質の特性を確認し、予防的かつ効果的に、有害な化学物質から人間の健康と環境を保護することを目的とした EU の法規制。約3万種類の化学物質の毒性情報などの登録・評価・認定を義務づけた（2007 年施行）。

【参考】

①スコープ3 復習 テキスト P.213、216

温室効果ガスを3つに分類したスコープのうち、その事業者のサプライチェーンで発生する、スコープ1・2以外のすべての温室効果ガスがスコープ3にあたる。

②WEEE 指令 復習 テキスト P.216

EU 圏内で、大型及び小型家庭用電気製品、情報技術・電気通信機器、医療関連機器、監視制御機器など幅広い品目を対象に、各メーカーに自社製品の回収・リサイクル費用を負担させる指令（2003 年施行）。

④RoHS 指令 復習 テキスト P.216

EU 圏内で、電気・電子機器における鉛、水銀、カドミウム、六価クロム、ポリ臭化ビフェニル（PBB）、ポリ臭化ジフェニルエーテル（PBDE）、フタル酸エステル類4物質の計 10 物質の使用を 2000 年より原則禁止した指令。

ケ．正答…②新興感染症 復習 テキスト P.31

WHO の定義では「かつて知られていなかった、新しく認識された感染症で、局地的あるいは国際的に、公衆衛生上問題となる感染症」としている。エボラ出血熱、AIDS のほか、新型コロナウイルスも該当する。

【参考】

①人獣共通感染症　復習 テキスト P.31

　　動物から人間へ伝染する感染症。鳥インフルエンザなど。

③再興感染症　復習 テキスト P.31

　　克服されつつあった感染症の中には、再び流行の徴候が見られる
　　感染症もある。結核、マラリアなど。

④パンデミック　復習 テキスト P.31

　　新型コロナウイルスによる感染症（COVID-19）のパンデミック
　　により、SDGs の達成に重大な影響が生じている。人獣共通感染
　　症、新興感染症、再興感染症は、感染症の「種類」である。パン
　　デミックは、感染爆発という「状態」を示している。

コ．正答…③グローバルフェスタJAPAN〈テキスト外〉

　　日本は 1954 年 10 月 6 日に開発途上国に対する政府開発援助（ODA）
　　を開始した。以後、この日を「国際協力の日」と定め、国際協力へ
　　の国民の理解と参加を呼びかけている。その一環として、外務省な
　　どの関連省庁、ODA の実施機関である国際協力機構（JICA）、国
　　際協力 NGO センター（JANIC）、国際協力に関連する NGO・
　　NPO・各国大使館・協賛企業などが参加する国内最大級のイベント
　　である「グローバルフェスタ JAPAN」が例年秋に開催されている。

【参考】

①100 万人のキャンドルナイト〈テキスト外〉

　　「でんきを消して、スローな夜を」のかけごえから始まったスロー
　　ライフに関連した環境イベント。民間団体の呼びかけで 2003 年
　　から、夏至と冬至の夜に日本各地で行われている。

②クラウド・ファンディング　復習 テキスト P.237

　　特定テーマに対してインターネットで市民から幅広く寄付を集め
　　る手法のこと。

④FOOD ACTION NIPPON　復習 テキスト P.54

　　農林水産省は食料自給率を向上させるために、FOOD ACTION
　　NIPPON 運動を展開している。

🍃 第4問 （各1点×10）

ア．正答…②成長の限界 復習 テキストP.14
イ．正答…⑥世代間の公平性 復習 テキストP.24
ウ．正答…④現世代内の公平性 復習 テキストP.24
エ．正答…⑪リオ宣言 復習 テキストP.16
　世界の約180か国・地域が参加した地球サミットでは、「共通だが差異ある責任」、「予防原則」、「汚染者負担の原則」など、地球環境問題を解決し、持続可能な開発を実現していくうえで基本とすべき原則や考え方を盛り込んだ環境と開発に関するリオ宣言（リオ宣言）が採択された。

オ．正答…⑬環境基本法 復習 テキストP.176
　地球的視野に立ち、持続可能な社会の実現をめざして経済社会のあり方にまで遡って環境問題に取り組むためには、公害対策基本法と自然環境保全法の2つの法律を柱としてきた従来の環境政策の体系を根本的に改める必要があることから、環境基本法が1993年に制定された。

カ．正答…⑮ミレニアム開発目標（MDGs） 復習 テキストP.25
キ．正答…⑳包摂性 復習 テキストP.26
ク．正答…⑱普遍性 復習 テキストP.26
　SDGsの特色として「普遍性」「包摂性」「参画型」「統合性」「透明性・説明責任」といったことが挙げられる。各国の国情、能力、開発水準を考慮に入れ、国内の政策と優先課題を尊重しつつも、先進国にも途上国にも普遍的に適用される目標であることから、普遍性があるといえる。

ケ．正答…㉔パートナーシップ 復習 テキストP.26
コ．正答…㉖ISO26000 復習 テキストP.206
　国際規格ISO26000は、企業に限定せず、あらゆる種類の組織を対象にしたもので、説明責任、透明性、倫理的行動、ステークホルダーの利害の尊重、法令遵守、国際行動規範の尊重、人権の尊重の7つの原則をはじめ、組織の中で社会的責任を実践していくための具体的な内容などを規定している。

ア．正答…① 復習 テキスト P.40

「生物ポンプ」は、CO_2 が海洋において植物プランクトンの光合成に利用されたあと、食物連鎖を経て、生物の遺骸の中に有機炭素として貯蔵される作用のことである。

【参考】

②③④正しい。 復習 テキスト P.43

イ．正答…③ 復習 テキスト P.93

栄養塩の循環、土壌形成、光合成による酸素の供給などは「基盤サービス」であり、「供給サービス」「調整サービス」「文化的サービス」は、その「基盤サービス」を基盤に置いて成り立っているといえる。そして、この4つのサービスを生態系サービス（Ecosystem Service）という。

【参考】

①②④正しい。 復習 テキスト P.93

ウ．正答…④ 復習 テキスト P.117

日本の環境省の酸性雨長期モニタリング調査によると、2015～2019年の全地点平均値は pH4.80～4.89 の範囲で推移しており、依然として酸性雨が観測されている。

【参考】

①②③正しい。 復習 テキスト P.116、117

酸性雨は、工場の排煙や自動車の排出ガスなどに含まれる硫黄酸化物や窒素酸化物などが大気中で硫酸・硝酸に化学変化し、雨や雪に溶け込んだり、塵となって地表に降ってくるものの総称である。

エ．正答…④ 復習 テキスト P.58、111

④はオゾン層の破壊についての記述である。世界平均気温は、少なくとも今世紀半ばまでは上昇を続け、向こう数十年の間に CO_2 及びその他の GHG の排出が大幅に減少しない限り、21世紀中に2℃以上の地球温暖化が生じてしまうことが予測されている。

【参考】

①②③正しい。　復習 テキスト P.58、59

オ．正答…③　復習 テキスト P.182

環境基準は、大気の汚染、水質の汚濁、騒音、土壌汚染の4種について定めている。科学的知見が欠如しているという側面と、そもそも環境的に許容される悪臭レベルや地盤沈下レベルなどはありえないという考え方が背景にある。

【参考】

①②④正しい。　復習 テキスト P.182

🍃 第6問 （各1点×10）

ア．正答…①低炭素　復習 テキスト P.108

2018年に策定された「第5次環境基本計画」では、地域循環共生圏の創造を掲げている。「循環」と「低炭素」の同時達成をめざし、地域循環共生圏の創造をめざすものだが、SDGsを地域で実践するためのビジョンとしても掲げられている。

イ．正答…①人の活動　復習 テキスト P.140

ウ．正答…②砂漠化　復習 テキスト P.120

エ．正答…④白神山地　復習 テキスト P.98

2022年6月現在、日本には25件の世界遺産がある。屋久島と白神山地は、1993年12月登録であり、日本の世界自然遺産のなかではもっとも早期の登録となっている。

オ．正答…④コンプライアンス　復習 テキスト P.215

法令遵守。法律・条例だけでなく、社会的なルールや社内規定などを含めた規則を守ること。

【参考】

①アカウンタビリティ〈テキスト外〉

　説明責任のこと。

②エンゲージメント　復習 テキスト P.212

　仕事や人事・組織の領域では、職務や会社への思い入れ、充実した関わり、働きかけなどの意味で使われる。

カ. 正答…②自家用乗用車 復習 テキストP.159

自家用乗用車は、輸送量当たりの CO_2 排出量が大きい。マイカー移動をバス・鉄道移動へと切り替えることで環境負荷を削減することができる（モーダルシフト）。

キ. 正答…①ウインドファーム 復習 テキストP.88

風力発電は、風の持つ力の 30〜40％を風車で電力に変換することができる。日本では、風況に恵まれた北海道、東北、九州を中心に大規模なウインドファームの建設が進んでおり、2020年時点で、出力約 437万kW となった。周囲を海に囲まれている日本では、洋上風力発電のコストの低下が期待されており、第6次エネルギー基本計画のなかでも「洋上風力は、大量導入やコスト低減が可能であるとともに、経済波及効果が大きいことから、再生可能エネルギー主力電源化の切り札として推進していくことが必要である」と位置づけられている。

【参考】

②小水力発電 復習 テキストP.89

農業用水などを活用した小水力発電はエネルギーの地産地消にもつながる。FIT 制度の効果により、2020年度末時点で 70万kW の小水力発電が新たに運転を開始している。

ク. 正答…②セーフティステーション 復習 テキストP.241

地域の市民、国、地方自治体の協力の下、「安全・安心なまちづくり」及び「青少年環境の健全化」をめざすものである。

【参考】

①コミュニティプラント 復習 テキストP.148

市町村が設置する小規模な下水処理施設のこと。廃棄物処理法に基づく、し尿処理施設に分類される。

③モニタリングサイト 1000 復習 テキストP.97

さまざまな生態系のタイプごとに自然環境の現状及び変化を長期的に定点調査する。

④スマートコミュニティ 復習 テキストP.91

スマートメーター等を利用したスマートグリッド(次世代送電網)による電力の有効利用、熱や未利用エネルギーなどを地域全体で

活用し、地域の交通システム、市民のライフスタイルの変革など
を複合的に組み合わせた、地域単位での次世代エネルギー・社会
システムの概念。

ケ. 正答…②シックハウス症候群　復習 テキスト P.163

ホルムアルデヒドやトルエンなどの揮発性有機化合物（VOC）に
よる室内の空気汚染によって引き起こされる健康障害のこと。目や
のどに痛みや違和感を覚えるほか、アトピー性皮膚炎やぜんそくに
似た症状に悩まされるケースも報告されている。

【参考】

①アナフィラキシーショック〈テキスト外〉

　アレルゲンなどの侵入により、皮膚や呼吸器、消化器や循環器、
神経など複数の臓器に全身性のアレルギー症状を引き起こし、生
命の危機を招くおそれのある反応のこと（呼吸不全や血圧低下な
ど）。

④中枢神経系疾患　復習 テキスト P.18

　工場排水に含まれる有機水銀が原因とされる水俣病、新潟水俣病
では、中枢神経系疾患（手足や口がしびれるなどの症状）が発生
した。この健康被害により、亡くなった方もいる。

コ. 正答…②環境ラベル　復習 テキスト P.231、カラー口絵Ⅷ

環境に配慮した製品やサービスの優先的な購入・利用を促すために、
製品や包装、広告などに付けられているマークのこと。

【参考】

③クリアランスレベル　復習 テキスト P.173

　放射性廃棄物とみなす下限値のこと。「さまざまな再生利用、処
分のケースを想定し、そのうち最も線量が高くなるケースでも年
間 0.01 ミリシーベルトを超えない」ことが条件。

🍃 第 7 問　（各 2 点 × 5）

ア. 正答…③　復習 テキスト P.115

海洋プラスチックごみの主要発生源は東アジア地域、東南アジア地
域であるとの推計もあるが、日本への漂着ごみは日本製のペットボ

模擬 1
解答

トルも相当な割合となっている。

【参考】

①毎年約800万トンが新たに海洋に流出している。

復習 テキストP.115

②マイクロプラスチックは海流に乗って広く移動する。沿岸からの排出がほとんどないはずの北極や南極でも観測されている。

復習 テキストP.115

イ. 正答…① 復習 テキストP.134

容器包装リサイクル法の正式名称は「容器包装に係る分別収集及び再商品化の促進等に関する法律」である。消費者が容器包装廃棄物を市町村が定めるルールに従って分別排出し、市町村が分別収集して、事業者が再商品化（リサイクル）するという三者の役割を定めている。

ウ. 正答…① 復習 テキストP.136

家電リサイクル法の対象となる家電を廃棄する際、消費者（排出者）は、家電店への引き渡しと収集・運搬料金及びリサイクル料金の支払い（後払い）が求められる。この料金は、製品の種類、メーカー、大きさなどによって異なり、1,000円程度から5,000円程度となっている。

【参考】

②小売業者（家電店）には廃家電の引き取りの義務があるが、容器包装リサイクル法とは異なり、再商品化（リサイクル）義務はない。 復習 テキストP.136

③品目ごとに再商品化率の基準が定められているが、4品目すべてクリアしている。 復習 テキストP.136

エ. 正答…③ 復習 テキストP.131

2050年温室効果ガス排出実質ゼロに向け、プラスチックの焼却量や廃棄物処理の過程における化石燃料使用の削減等により、循環型社会形成と脱炭素社会構築の統合的な取り組みに力が入れられてきている。

オ. 正答…① 復習 テキストP.125

2019年には、資源・廃棄物制約、海洋プラスチックごみ問題、地

球温暖化等の課題に対応するため、3 R＋Renewable（再生可能資源への代替）を基本原則とした、プラスチック資源循環戦略が策定された。さらに、プラスチック使用製品の設計から廃棄物の処理に至るまでのライフサイクル全般にわたって資源循環の促進を図るプラスチック資源循環法が 2022 年 4 月に施行されている。

【参考】

②エネルギー政策の基本。3 E+S の S は安全性（Safety）である。
 復習 テキスト P.80

③ 1992 年に開催された地球サミットの、国際的なフォローアップの 一環として、地球サミットから 10 年後の 2002 年に、南アフリカのヨハネスブルグでリオ＋10（持続可能な開発に関する世界首脳会議（WSSD））が開催され、その 10 年後には再びリオデジャネイロでリオ＋ 20 が開かれた。 復習 テキスト P.17

🌿 第 8 問 （各 1 点× 10）

ア. 正答…② 復習 テキスト P.160

1 日の最高気温が 25℃以上になると夏日。30℃以上になると真夏日。猛暑日は 35℃以上。真夏日や猛暑日の増加は、熱中症の発症リスクが高まる。また、夏季の高温化は冷房の負荷を増やすため、エネルギー消費が増加する。

【参考】

①熱帯夜のことである。 復習 テキスト P.160
③真夏日のことである。 復習 テキスト P.160
④猛暑日のことである。 復習 テキスト P.160

イ. 正答…② 復習 テキスト P.75、213

温室効果ガス排出量の少ないものへと変えていくことはエネルギー転換であり、企業の取り組みの一つといえる。また、エネルギー転換の一次エネルギーを人間が利用しやすい形にして、最終用途に適合させることも、エネルギー転換という。

【参考】

①創エネのことである。 復習 テキスト P.212

③洋上風力発電のことである。 **復習** テキスト P.88

④新エネルギーのことである。 **復習** テキスト P.80

ウ. 正答…① **復習** テキスト P.85

シェールガスは、地中深くにある頁岩層（けつがん）から産出し、強い水圧をかけ岩盤を破砕して抽出する。化学物質を含む大量の水を地下に送り込むため、水質汚染が懸念されている。2000年代後半から生産量が急増し、「シェール革命」と呼ばれる。特にアメリカにおける増産は顕著であり、2018年には世界最大のシェールオイル産油国・シェールガス産ガス国となった。

【参考】

②石炭 **復習** テキスト P.85

③バイオマスエネルギー **復習** テキスト P.89

④石油 **復習** テキスト P.85

エ. 正答…① **復習** テキスト P.92

地球上には、知られている（学名のついた）ものだけで173万種の生物がおり、まだ知られていない生物も含めると3,000万種ともいわれる生物が存在すると推定されている。

【参考】

②遺伝子の多様性 **復習** テキスト P.92

③生態系の多様性 **復習** テキスト P.92

④遺伝子の多様性 **復習** テキスト P.92

オ. 正答…② **復習** テキスト P.143

吸引から発病までの潜伏期間が約40年と長く、近年の悪性中皮腫の増加は、過去のアスベスト汚染の影響ではないかと推測されている。

【参考】

①浮遊粒子状物質（SPM） **復習** テキスト P.143

③揮発性有機化合物 **復習** テキスト P.142

④ダイオキシン **復習** テキスト P.165

カ. 正答…① **復習** テキスト P.164

POPs条約。残留性有機汚染物質に関するストックホルム条約のこと。2001年、北極圏の生態系でのPCB汚染の報告に端を発する。

2001 年の採択時点での対象物質は 12 であったが、その後、順次追加され、2022 年 7 月時点で「特に優先して対策をとらなければならない物質（製造・使用、輸出入の原則禁止）」として、28 物質が指定されている。

【参考】

②労働安全衛生法　復習 テキスト P.165

③ REACH 規則　復習 テキスト P.165

これにより、部材などを供給する中小・中堅メーカーでも、化学物質の情報開示が大きく進展することとなった。

④水銀に関する水俣条約　復習 テキスト P.165

キ. 正答…③　復習 テキスト P.185

トップランナー制度を採用すれば、民間の技術開発の意欲を失わせることなく、規制を行うことができる。

【参考】

①エコマーク制度　復習 テキスト P.187

②排出量取引制度　復習 テキスト P.186

④デポジット制度　復習 テキスト P.186

経済的な負担措置にも経済的な助成措置にもなる。デポジット制度は、飲料容器を返却しない人への未返却課徴金とも、自主的に返却する人への返却補助金ともいえる。

ク. 正答…②　復習 テキスト P.28

地球温暖化や食料計画など、長期的見通しが必要な課題へのアプローチに使われる。

【参考】

①フォアキャスティング　復習 テキスト P.28

③デカップリング　復習 テキスト P.51

④フィードバック〈テキスト外〉

定めていた目標のためにとった行動や、サービスや製品の利用感・使用感などについて、良かった点、悪かった点などを伝え、振り返りの材料としてもらうこと。結果をふまえて、原因となった段階へとさかのぼって修正し、改善するというシステム的な考え方からきている。

模擬1 解答

ケ. 正答…④　復習 テキスト P.231

トレーサビリティーのシステムが構築されていると、生産・流通の経路や情報などがわかり、より安心して農作物・畜産物などを選択することができる。

【参考】

①ビル及び家庭用エネルギー管理システム　復習 テキスト P.221

　ビル用が BEMS、家庭用が HEMS。エネルギー管理のシステム（EMS）の活用である。工場、工業用の FEMS も存在する。

②人間開発指数　復習 テキスト P.198

③SGEC 森林認証　復習 テキスト P.119

コ. 正答…③　復習 テキスト P.16

1992 年に、ブラジルのリオデジャネイロで国連環境開発会議（UNCED）、別名「地球サミット」が開催され、リオ宣言が採択された。そして、リオ宣言を実現していくための行動計画としてアジェンダ 21 が採択された。

【参考】

①『成長の限界』　復習 テキスト P.14

②『我ら共有の未来』　復習 テキスト P.16

　持続可能な開発（Sustainable Development）が、ここで提唱され、のちの地球環境問題との向き合い方の指針となっていった。

④『我々の望む未来』　復習 テキスト P.17

　2012 年の国連持続可能な開発会議（リオ＋20）で採択された。

🍃 第9問　9－1（各1点×5）

ア. 正答…②化石燃料　復習 テキスト P.85

イ. 正答…⑥少子化・高齢化　復習 テキスト P.108

ウ. 正答…⑨鳥獣害　復習 テキスト P.109

エ. 正答…⑪鳥獣保護管理法　復習 テキスト P.109

オ. 正答…⑭エコツーリズム　復習 テキスト P.107

　なお、地域循環共生圏の考え方（テキスト P.246）にも、各地域がその特性を活かした強みを発揮し、地域ごとに異なる資源が循環す

る自立・分散型の社会を形成しつつ、地域の特性に応じて近隣地域等と共生・対流し、自然的なつながり（森・里・川・海の連関）や経済的つながり（人、資金等）を構築していくことで、農山漁村も都市も活かそうということが述べられている。

🍃 第9問　9-2（各1点×5）

ア．正答…①パリ協定　復習 テキストP.64

イ．正答…⑥バッテリー〈テキスト外〉

バッテリーの技術向上、生産拡大と、ステーションの整備が急務である。ちなみに、2023年、環境省では、物流・配送関連事業者とエネルギー関連事業者が連携して取り組む地域貢献型脱炭素物流モデルを構築し、物流・配送分野における二酸化炭素の排出抑制に資することを目的に、「バッテリー交換式EVとバッテリーステーション活用による地域貢献型脱炭素物流等構築事業」を実施することとした。

ウ．正答…⑧再生可能エネルギー　復習 テキストP.86

エ．正答…⑩広く分散して存在する　復習 テキストP.86

地域ごとにエネルギーをつくり、その地域内で使っていこうとする、分散型エネルギーシステムといえる。

オ．正答…⑭地産地消　復習 テキストP.86

🍃 第10問　（各2点×5）

ア．正答…③　復習 テキストP.172

低レベル放射性廃棄物は、浅い地中に直接、廃棄物を埋める方法から、地下50〜100メートルにコンクリート製の囲いを設けて処分する中深度処分まで、いくつかの方法に分けて処分される。高レベル放射性廃棄物は、人間や環境から隔離したかたちで処分すべきだとされており、特別な容器に入れ、地下数百メートルより深い地中に埋設処分する（地層処分）。

【参考】

①正しい。 復習 テキスト P.172

②正しい。 復習 テキスト P.172

④正しい。 復習 テキスト P.174

イ. 正答…④ 復習 テキスト P.176

1993 年に制定された環境基本法の基本理念は、①②③の 3 つである。

2018 年に策定された第 5 次環境基本計画は、SDGs やパリ協定など世界的な潮流を踏まえて、環境、経済、社会の統合的な向上をはかりながら持続可能な社会をめざすとしている。

ウ. 正答…④ 復習 テキスト P.89

成長過程で CO_2 を吸収しているので、バイオマスエネルギーは、カーボンニュートラルである。

エ. 正答…③ 復習 テキスト P.232

生鮮品（腐敗しやすい食品）に用いられ、劣化によって安全性が損なわれるおそれがない期限を示しているのは、消費期限である。品質が比較的長く保たれるものには賞味期限が表示される。

【参考】

①正しい。 復習 テキスト P.229

②正しい。 復習 テキスト P.229

④正しい。 復習 テキスト P.228

オ. 正答…① 復習 テキスト P.158

電気自動車や燃料電池自動車は、走行時はカーボンゼロ（二酸化炭素排出なし）だが、製造段階では二酸化炭素の排出がある。これらをトータルで分析するのがライフサイクルアセスメント（LCA）の考え方である。

【参考】

②正しい。 復習 テキスト P.219

　排出した二酸化炭素の全量をオフセット（埋め合わせ）できれば、その商品やサービスは、カーボンニュートラルとして扱われる。

③正しい。 復習 テキスト P.81

④正しい。 復習 テキスト P.63

模擬問題2
解答・解説

🍃 第1問 （各1点×10）

ア．正答…①　復習 テキストP.46

世界の人口は2022年11月に80億人となった。14億人の中国は2020年から人口減に転じているが、アフリカの人口増加率は2.5%と高い。一般には、人口の増加に伴って生産・消費活動は拡大し、環境に与える影響も増大する。人口増は、自然環境保全、資源・エネルギー問題、食糧問題など、世界が取り組まなければならない課題の背景のひとつである。

イ．正答…②　復習 テキストP.23

1992年、ブラジルのリオデジャネイロで開催された地球サミットでは、地球環境の保全に優先度を置いている先進国と、経済発展を優先させて豊かさを手に入れたい開発途上国との間で意見の対立があった。そして、議論を経てリオ宣言の第7原則として、「共通だが差異ある責任」（common but differentiated responsibilities）が採択された。なお、「拡大生産者責任」とは、生産者に対して、廃棄されにくい、またはリユースやリサイクルしやすい製品を開発・生産するようにインセンティブを与えようとするもののことである。

ウ．正答…①　復習 テキストP.29

企業活動がグローバル化し、社会不安や環境的制約が事業活動のリスクとして認識されるなか、本業を通じた社会・環境・経済の課題解決への貢献が不可欠となってきている。

エ．正答…②　復習 テキストP.129

1人1日当たりのごみ排出量は、ごみの排出と削減を考えるうえでよく用いられる指標である。日本は先進国のなかでは1人1日当たりのごみ排出量が少なく（2009年度以降は1000gを下回っている）、イタリア、フランス、ドイツといった先進国は日本の1.5倍程度、アメリカでは日本の2倍近くにもなる。

オ. 正答…② 復習 テキスト P.56

地球温暖化係数（GWP）は、二酸化炭素よりもフロン類のほうが数千倍〜数万倍高い。地球温暖化対策で二酸化炭素の排出抑制が重要視されているのは、世界で排出される温室効果ガスのなかで、二酸化炭素は二酸化炭素換算で76％と大部分を占めているからである。

カ. 正答…② 復習 テキスト P.71

2050年GHG排出量実質ゼロの「ゼロカーボンシティ」を表明した地方自治体は702にものぼる（2022年5月現在）。なお、地方自治体による地球温暖化対策のひとつとして、地域脱炭素ロードマップがある。これは、特に2030年までに集中して行う取組・施策を中心に、地域の成長戦略ともなる地域脱炭素の行程と具体策を示すものである。

キ. 正答…① 復習 テキスト P.43

国土面積の約66％を森林が占めている日本は、森林国である。南北に長く亜熱帯林から亜寒帯林までが存在する日本の多様な森林の保全と活用を推進するため、美しい森林づくり推進国民運動など、積極的な活動が数多く行われている。

ク. 正答…② 復習 テキスト P.155

「騒音・振動・悪臭」は、騒音規制法、振動規制法、悪臭防止法などで規制や基準が定められている。2005年頃までは悪臭の苦情がもっとも多かったが、発生源の半数近くを占めていた野外焼却（野焼き）が原則禁止となったこともあり、苦情件数では騒音が悪臭を上回るようになった。

ケ. 正答…① 復習 テキスト P.248

"Think Globally, Act Locally"（地球規模で考え、足元から行動せよ）という標語は、環境問題は地球的規模で考えることだが、それぞれが身近な地域で具体的な行動を起こすことが重要だと述べている。そして、これを「誰もが身近な活動（地域、仕事、家庭など）を通じて、世界や社会を良い方向に変えるチャンスをもっている」と解釈して、各自が身近なところでの行動に結びつけていくことが期待されている。

コ. 正答…① 復習 テキスト P.134

「消費者」が容器包装廃棄物を市町村が定めるルールに従って分別排出し、「市町村」が分別収集して、「事業者」が再商品化（リサイクル）するという三者の役割を、容器包装リサイクル法で定めている。

🍃 第2問 2-1 （各1点×5）

ア. 正答…②熱塩循環 復習 テキスト P.39

イ. 正答…④エルニーニョ現象 復習 テキスト P.41

ウ. 正答…⑧植物プランクトン 復習 テキスト P.39

エ. 正答…⑩生物ポンプ 復習 テキスト P.40

オ. 正答…⑫海洋酸性化 復習 テキスト P.41

【参考】

⑤ダイポールモード現象〈テキスト外〉

ダイポールとは双極のこと。インド洋熱帯域の東部で海面水温が低く、西部で高くなるのが「正のダイポールモード現象」であり、南東部で高く、西部で低くなるのが「負のダイポールモード現象」である。5、6年に1度くらいの頻度で夏から秋に出現し、大規模な場合は冬まで影響することもあり、日本が記録的な暖冬に見舞われたこともある。

⑥ブロッキング現象〈テキスト外〉

高気圧や低気圧の移動速度が遅くなり、同じような天候が長期間持続する現象のことで、上空の偏西風波動の蛇行が著しくなって生じる。長雨、豪雨、豪雪、熱波、寒波などの異常気象の原因にもなる。

🍃 第2問 2-2 （各1点×5）

ア. 正答…①南極 復習 テキスト P.110

イ. 正答…⑤皮膚がん 復習 テキスト P.110

ウ. 正答…⑥モントリオール議定書 復習 テキスト P.111

エ. 正答…⑩全廃 復習 テキスト P.111

模擬
2
解
答

オ．正答…⑪フロン排出抑制法　復習 テキスト P.111

🍃 **第3問**（各1点×10）

ア．正答…④IPCC　復習 テキスト P.58

Intergovernmental Panel on Climate Change（気候変動に関する政府間パネル）の略。各国政府代表や世界の研究者、専門家の参加のもと、気候変動問題（地球温暖化）に関する最新の科学的・技術的・社会経済的な知見を集め、客観的な評価を行う。

【参考】

①地球サミット　復習 テキスト P.22

1992年にリオデジャネイロで開催された国連環境開発会議のこと。

②GHG　復習 テキスト P.56

Greenhouse Gases の略で温室効果ガスのこと。

③EANET　復習 テキスト P.117

東アジア酸性雨モニタリングネットワークのこと。

イ．正答…①PRTR 制度　復習 テキスト P.165

PRTR 制度（化学物質排出移動量届出制度）のこと。年間1トン（発がん性のある特定の物質については0.5トン）以上取り扱う場合が対象となる。PRTR 制度と SDS（セーフティデータシート）制度の2つが、化学物質排出把握管理促進法（化管法）の柱である。

【参考】

③レスポンシブル・ケア活動〈テキスト外〉

化学物質を扱う企業の自主的な取り組み。化学物質の開発から製造、物流、使用、廃棄・リサイクルに至るすべての段階で、環境保全と安全、健康を確保し、活動成果を公表し、社会との対話・コミュニケーションを行う活動。

ウ．正答…②ISO26000　復習 テキスト P.206

組織の社会的責任に関する原則等を規定する ISO 規格。7つの原則（説明責任、透明性、倫理的行動、ステークホルダーの利害の尊重、法令遵守、国際行動規範の尊重、人権の尊重）を持つ。

【参考】

①JCCCA　復習 テキスト P.66

　全国地球温暖化防止活動推進センター（JCCCA）は、地球温暖化対策推進法に基づき、地球温暖化の防止活動の促進を目的として2010年に設立された。全都道府県に地域センターを持ち、国民レベルでの温暖化防止対策を推進している。

③ESG　復習 テキスト P.212

　ESGは、環境（Environmental）、社会（Social）、ガバナンス（Governance）の頭文字をとったもの。企業としての長期的な持続可能性を評価し、投資していくESG投資が知られている。

エ．正答…③イタイイタイ病　復習 テキスト P.32

富山県神通川流域で発生した健康被害で、原因となったとされる神岡鉱山は2001年に閉山している。

オ．正答…②国連環境計画（UNEP）　復習 テキスト P.14、199

1972年に設立された国連の専門機関で、本部はナイロビ（ケニア）。

【参考】

①リオ＋20　復習 テキスト P.17

　「国連持続可能な開発会議」。1992年の地球サミットの20年後にあたる2012年6月にリオデジャネイロで開催された。

カ．正答…③ベースラインアンドクレジット制度　復習 テキスト P.186

この制度の一例であるクリーン開発メカニズム（CDM）は京都議定書に定められた制度で、京都議定書で義務を負う国が途上国で排出抑制対策を実施した場合に、売買可能な排出権を入手でき、その排出権は自国の削減義務の達成に使用することができるとしている。東京都およびEUの排出量取引制度はキャップアンドトレード制度の一例である。

キ．正答…④国際自然保護連合（IUCN）　復習 テキスト P.95

1948年設立。レッドリストなどの基準を提言している。

【参考】

②フェアトレード　復習 テキスト P.228、230

　近年では明確にフェアトレードが打ち出され、食品だけでなくファッションなどにもみられるほか、製造に途上国の女性の労働

力を活かし、彼女たちの自立を支援している例もあるなど、多様な展開がなされている。

ク. 正答…③CSR 復習 テキスト P.206

Corporate Social Responsibility の略で、企業の社会的責任と訳される。近年は CSV（Creating Shared Value）という考え方も広がっているが、これは提供する製品やサービスを通じて、社会的な問題解決に貢献するという考え方である。

ケ. 正答…④JCM 復習 テキスト P.65

日本は、モンゴル、タイ、エチオピア、フィリピンなど17カ国のパートナー国と二国間協定を結んでいる。

コ. 正答…④富栄養化 復習 テキスト P.146

窒素化合物及びリン酸塩などの栄養塩類が長年にわたり供給され、プランクトンなどの生物生産性の高い富栄養状態に移り変わる現象。閉鎖性水域で発生しやすい。

【参考】

①BOD 復習 テキスト P.147

Biochemical Oxygen Demand の略で生物化学的酸素要求量ともいう。主に河川の汚染指標として用いられる。

②COD 復習 テキスト P.147

Chemical Oxygen Demand の略で化学的酸素要求量ともいう。水中の汚染物質を化学的に酸化し、安定させるのに必要な酸素の量。主に海域や湖沼の汚染指標として用いられる。

第4問 （各1点×10）

ア. 正答…②吸収・固定 復習 テキスト P.60

イ. 正答…④森林 復習 テキスト P.60

ウ. 正答…⑦再生可能エネルギー 復習 テキスト P.60

エ. 正答…⑫原子力 復習 テキスト P.60

オ. 正答…⑬CCS 復習 テキスト P.60

【参考】

⑮CMA 復習 テキスト P.62

パリ協定に関する締約国会議のこと。

カ．正答…⑰**脆弱性**　復習 テキスト P.61

キ．正答…⑲**レジリエンス（強靭性）**　復習 テキスト P.61

ク．正答…㉔**白化現象**　復習 テキスト P.95

ケ．正答…㉗**気候変動適応法**　復習 テキスト P.61

コ．正答…㉙**ハザードマップ**　復習 テキスト P.61

気候変動に対しては、温室効果ガスの排出を削減する取組もあれば、植林や緑化などの取組もある。「緩和策」と「適応策」を両方とも進めていく必要がある。

🍃 第5問　（各2点×5）

ア．正答…④　復習 テキスト P.166、168

放射性プルームとは放射性物質を含んだ空気魂のこと。

建造物の解体時にはアスベストの飛散防止に注意が必要である。

イ．正答…①　復習 テキスト P.218

LCAとは、製品ライフサイクルの各プロセスでのインプットデータ（エネルギーや天然資源の投入量など）をふまえて、アウトプットデータ（環境へ排出される環境汚染物質の量など）を科学的・定量的に評価する概念である。

原料の調達から販売までを一連のチェーンと捉え、製品ライフサイクル全体の最適化、効率化を目標とし、経営成果を高めるマネジメント手法は、サプライ・チェーン・マネジメント（SCM）である。

【参考】

④正しい。　復習 テキスト P.219

ガソリン車では走行部分（使用段階）の CO_2 排出量が製品ライフサイクルの約80％を占めている。

ウ．正答…②　復習 テキスト P.190

環境アセスメントは、環境への影響を調査、予測、評価し、自治体や住民の意見を参考にしながら、事業そのものを、環境保全上より望ましいものにしていく仕組みであり、環境負荷や費用の分担手続きではない。

エ．正答…② 復習 テキスト P.138

食品廃棄物については、食品リサイクル法により再生利用が進められているが、一般家庭（生ごみ）は対象となっていない。

【参考】

③正しい。 復習 テキスト P.137

オ．正答…① 復習 テキスト P.159

カーナビゲーションやETCなどのITSは自動車利用を減らすことではなく、情報通信技術により、道路交通の効率化や安全運転の支援などといった交通問題の解決を図るものである。また、地域や都市レベルでの対策としては、コンパクトシティの実現による移動量の削減や、緩衝地帯の整備、遮音壁の設置なども効果がある。

【参考】

④正しい。 復習 テキスト P.159

ロードプライシングはシンガポールの電子道路課金などが知られている。日本では自治体などがパークアンドライドの社会実験を行うなど、各種の取り組みが推進されている。

🌿 第6問 （各1点×10）

ア．正答…②リスクコミュニケーション 復習 テキスト P.165

化学物質に関するリスクコミュニケーションは、化学工業をはじめとする民間企業や自治体の廃棄物処理施設などで、工場・施設見学や住民説明会などの形で実施する例が見られる。化学物質やその環境リスクについて適切に対応するためには、リスクに関する情報を関係者すべてが共有し、対話などを通じてリスクを低減していくことが重要である。

【参考】

①ソーシャル・ネットワーキング 復習 テキスト P.215

③プレッジ・アンド・レビュー 復習 テキスト P.214

④SDS 復習 テキスト P.165

イ．正答…②都市鉱山 復習 テキスト P.51

特に携帯電話、ゲーム機、デジカメなどの小型家電製品には、金、

銀などの貴金属やレアメタルが含まれていることがあり、都市で大量に排出されるこれらの廃棄物は都市鉱山と呼ばれている。こうした有用な資源を確保するため、2013年には小型家電リサイクル法が施行され、使用済み小型家電製品の再資源化が促進されている。

【参考】

③みんなのメダルプロジェクトは、東京2020オリンピック・パラリンピック競技大会の約5000個の金・銀・銅メダルを全国各地から集めた小型家電・リサイクル金属（都市鉱山）で作るというものであり、必要金属量の100％をまかなうことを達成した。

ウ．正答…②使い捨てプラスチック 復習 テキストP.115

特に、海洋には膨大な量のごみが存在しており、魚類や海鳥、ウミガメなどがこれらのごみを餌と間違えて摂取し、傷つけられたり死んだりしている事例が多く報告されている。このため、自然界で分解されにくい使い捨てプラスチック製品の禁止や抑制をめざす取り組みが進められている。

【参考】

①バイオマスプラスチック 復習 テキストP.125、135

再生可能なバイオマス資源から作られるプラスチック。生分解性プラスチックとあわせてバイオプラスチックとも呼ばれる。

③マイクロプラスチック 復習 テキストP.115

④再生プラスチック 復習 テキストP.221

エ．正答…②世界農業遺産 復習 テキストP.101

通称「世界農業遺産」、世界重要農業遺産システム（GIAHS）のこと。2011年に「能登の里山・里海」と「トキと共生する佐渡の里山」が、国内ではじめて世界農業遺産に登録された。その後、各地の登録があり、2022年7月には「盆地に適応した山梨の複合的果樹システム」「森・里・湖（うみ）に育まれる漁業と農業が織りなす琵琶湖システム」も認定され、国内の登録は13地域となった。世界での登録は23か国72地域（2022年11月現在）。

【参考】

①世界ジオパーク 復習 テキストP.101

③生物圏保存地域 復習 テキストP.100

模擬2 解答

④SATOYAMA イニシアティブ 復習 テキスト P.101

オ. 正答…②LNG 復習 テキスト P.84、85

LNG（液化天然ガス）は、タンカーでオーストラリア、マレーシア、カタール、ロシアなどから輸入している。石油とは異なり、中東からの輸入割合は 21.2％に留まっている（2018 年）。天然ガスは、燃焼に伴う大気汚染物質の発生が少なく、また、CO_2 排出量も石炭の半分、石油の４分の３である。

カ. 正答…③３Ｒイニシアティブ 復習 テキスト P.122

2004 年のＧ８サミットで日本が提唱した。また、アジア地域でも、アジア太平洋３Ｒ推進フォーラムにおいて定期的に政策対話や技術協力が行われている。

【参考】

①世界経済フォーラム〈テキスト外〉

　知識人、経営者、政治指導者など、各国の要人が集まり、例年１月末にスイスのダボスで行う年次総会「ダボス会議」が有名。

②世界賢人会議〈テキスト外〉

　「核不拡散・核軍縮に関する国際委員会」の通称。各国首脳、閣僚、原子力機関代表、識者などが集い、核兵器のない世界を実現するための取り組みを行っている。

④ハイレベル政治フォーラム 復習 テキスト P.23

キ. 正答…③藻場 復習 テキスト P.97

藻場は「海の森」とも言われる。多くの海洋生物の産卵・生育場所となるほか、水質改善や光合成による CO_2 の吸収などの働きも持っている。

【参考】

②閉鎖性水域 復習 テキスト P.146

　内湾や湖沼など水の出入りが少ない水域のことで、汚染物質が蓄積しやすい。

④里海 復習 テキスト P.108

　里海も、魚付き林などの人の手を加えることで、生物生産性と生物多様性が高くなる沿岸海域である。

ク. 正答…②サステナビリティ報告書 復習 テキストP.214

企業が自らの事業活動に伴う環境への影響の程度やその影響を低減するための取り組み状況に加え、経済、労働、安全衛生、社会貢献といった側面についても記載し、CSR全般をカバーしたものがサステナビリティ報告書である。

【参考】

①生物多様性とパンデミックに関するワークショップ報告書
復習 テキストP.31

③隔年透明性報告書 復習 テキストP.64

④環境経営レポート 復習 テキストP.211

ケ. 正答…④6次産業化 復習 テキストP.222

第1次産業（生産）・第2次産業（加工）・第3次産業（販売）を合わせて「6次」と考える。1＋2＋3＝6次として提唱されたが、のちに1×2×3＝6次という考え方も提唱されている。

【参考】

①プロシューマー 復習 テキストP.248

アルビン・トフラーが著書『第三の波』で提示した概念。Producer（生産者）とConsumer（消費者）を合わせた造語。

②エコファーマー 復習 テキストP.231

土づくり、減化学肥料・減農薬などの持続可能性の高い農業生産方式を導入した農家を都道府県知事が認定する。

③クリーナープロダクション 復習 テキストP.141

低 NO_x 燃焼技術、省エネルギーの推進などの製造工程の改善などの、大気汚染の主な固定発生源対策のこと。

コ. 正答…③中間貯蔵施設 復習 テキストP.169

2022年3月末までに、帰還困難区域での発生分を除き、中間貯蔵施設への搬入が完了した。

【参考】

①一次仮置場　②二次仮置場 復習 テキストP.171

一次仮置場では粗選別、二次仮置場では破砕・選別が行われる。

③キャスク 復習 テキストP.174

キャスクと呼ばれる特別な容器に入れて空冷する乾式貯蔵のこ

模擬2 解答

と。日本ではまだ限定的にしか行われていない。

🌿 第7問 （各2点×5）

ア. 正答…② 復習 テキスト P.185

行為規制とは、環境に影響を及ぼすおそれのある行為について、具体的な行為の内容を指定して遵守させる方法のことである。

イ. 正答…① 復習 テキスト P.185

工場の騒音規制のほか、自動車の排ガス規制などもパフォーマンス規制である。

ウ. 正答…③ 復習 テキスト P.185

ごみ収集の有料化は、経済的負担措置の一つである。ごみ処理にかかる費用を自治体指定のごみ袋の販売価格に含める方法での「ごみ収集の有料化」が、多くの自治体で導入されている。

エ. 正答…① 復習 テキスト P.186

太陽光発電設備設置の補助金は、経済的助成措置である。

オ. 正答…③ 復習 テキスト P.186

法が定める化学物質を譲渡する際にSDS（安全データシート）の提供を義務付ける制度は、製品に関する環境情報の公開である。

🌿 第8問 （各1点×10）

ア. 正答…② 復習 テキスト P.158

自動車から鉄道へ、といった輸送手段の切り替えがモーダルシフトで、人や貨物あたりの温室効果ガスの排出量が削減できる。交通手段に関する対策としては、モーダルシフトと単体での対策がある。

【参考】

①カーシェアリングのことである。 復習 テキスト P.158

③ライドシェアリングのことである。〈テキスト外〉

④ロードプライシングのことである。 復習 テキスト P.159

イ. 正答…② 復習 テキスト P.16、24

WCEDの報告書『我ら共有の未来（Our Common Future)』によ

れば、持続可能な開発とは「将来世代のニーズを満たす能力を損なうことなく、現在の世代のニーズを満たすこと」と定義されている。

【参考】

①ローマクラブの『成長の限界』のことである。 復習 テキスト P.14

③ミレニアム開発目標（MDGs）のことである。 復習 テキスト P.25

④SDGs のことである。 復習 テキスト P.24

ウ. 正答…① 復習 テキスト P.197

政策形成過程への市民参加に関する制度である情報公開制度、パブリックコメント制度、環境アセスメント制度などは、いずれも情報公開が制度の根幹となっている。

【参考】

②パブリックコメント制度のことである。 復習 テキスト P.197

③参加型会議のことである。 復習 テキスト P.197

④テクノロジーアセスメントのことである。 復習 テキスト P.249

エ. 正答…④ 復習 テキスト P.99

名古屋議定書では、遺伝資源へのアクセスと利益配分（ABS）に関する国際的な枠組みが定められている。

【参考】

①京都議定書 復習 テキスト P.63

②モントリオール議定書 復習 テキスト P.111

③カルタヘナ議定書 復習 テキスト P.99

　カルタヘナ議定書は、バイオテクノロジーにより改変された生物（LMO：Living Modified Organism）が、生物の多様性の保全及び持続可能な利用に悪影響を及ぼすことへの防止措置を定めている。

オ. 正答…② 復習 テキスト P.127

E-waste は電気製品・電子製品の廃棄物のことであり、Electronic waste から名づけられた。WEEE（Waste Electrical and Electronic Equipment）とも呼ばれている。

【参考】

①使い捨てプラスチックのことである。 復習 テキスト P.115

　使い捨てプラスチックとは、1回限りの使用でごみとなるプラス

チック製品のことを指す。

③特別管理廃棄物のことである。 復習 テキスト P.128

爆発性、毒性、感染性その他の、人の健康または生活環境に関わる被害を生じるおそれのある有害廃棄物は、特別管理一般廃棄物、特別管理産業廃棄物として、他のものと混合させないなどの厳しい管理が求められる。

④災害廃棄物、D.Waste のことである。 復習 テキスト P.133、171

災害廃棄物のことを、D.Waste という。2015 年に、自治体等の災害廃棄物対策を支援するため、災害廃棄物に関する有識者や技術者、業界団体等で構成された D.Waste-Net（災害廃棄物処理支援ネットワーク）が発足している。

カ. 正答…③ 復習 テキスト P.124

循環型社会形成推進基本計画（循環基本計画）では、環境的側面、経済的側面及び社会的側面の統合的向上を掲げたうえで、①地域循環共生圏形成による地域活性化、②ライフサイクル全体での徹底的な資源循環、③適正処理のさらなる推進と環境再生、④災害廃棄物処理体制の構築、⑤適正な国際資源循環体制の構築と循環産業の海外展開などを政策の柱としている。

【参考】

①プラスチック資源循環戦略のことである。 復習 テキスト P.125

②３Ｒイニシアティブのことである。 復習 テキスト P.122

④生物多様性国家戦略のことである。 復習 テキスト P.104

2010 年 10 月に愛知県名古屋市で開催された COP10 において、長期目標（2050 年）の「自然との共生」や、短期目標（2020 年）の「生物多様性の損失を止めるために効果的かつ緊急な行動を実施する」、さらに 20 個の個別目標等を定めた戦略計画 2011-2020（愛知目標）が採択された。

キ. 正答…③ 復習 テキスト P.93

「バイオ」は生物、「ミメティクス」は模倣物を意味する。つまり、「自然に学ぶものつくり」をして最先端の科学技術を開発することをいい、生態系サービスのうち、供給サービスの一つとして位置づけられる。

【参考】

①バイオテクノロジーのことである。　復習 テキスト P.99

②バイオレメディエーションのことである。　復習 テキスト P.151

④バイオマスエネルギーのことである。　復習 テキスト P.89

ク．正答…①　復習 テキスト P.216

RoHS 指令とは、EU 圏内で、電気・電子機器における鉛、水銀、カドミウム、六価クロム、ポリ臭化ビフェニル（PBB）、ポリ臭化ジフェニルエーテル（PBDE）、フタル酸エステル類 4 物質の計 10 物質の使用を原則禁止した指令である。

【参考】

②REACH 規則のことである。　復習 テキスト P.165、216

REACH 規則は、化学物質の特性を確認し、予防的かつ効果的に、有害な化学物質から人間の健康と環境を保護することを目的とした EU の法規制である。約 3 万種類の化学物質の毒性情報などの登録・評価・認定を義務づけ、安全性が確認されていない化学物質を市場から排除していこうという考えに基づいて制定された（2007 年施行）。

③SAICM のことである。　復習 テキスト P.164

2006 年に開催された第 1 回国際化学物質管理会議（ICCM）において「国際的な化学物質管理のための戦略的アプローチ（SAICM：サイカム）」が採択され、各国・地域レベルで化学物質管理施策が進展している。

④欧州グリーンディールのことである。〈テキスト外〉

欧州グリーンディールは、EU の政策である。「2050 年までの温室効果ガス排出実質ゼロ」「経済成長と資源利用の切り離し（デカップリング）」「気候変動をくい止め、EU を気候中立な大陸にする」といった内容を掲げており、環境を守りながら持続可能な経済をめざしている。

ケ．正答…①　復習 テキスト P.43

マングローブ林は、海水と淡水が混ざり合う汽水域にある。漁業や高潮防災など、地域にとって大切な林である。

【参考】

②熱帯モンスーン林のことである。 復習 テキストP.43

③熱帯多雨林のことである。 復習 テキストP.43

④熱帯サバンナ林のことである。 復習 テキストP.43

コ．正答…③ 復習 テキストP.167

Sv（シーベルト）は放射線による物理的なエネルギーの強さを表すGy（グレイ）に、人体への影響の度合いを加味した単位である。

【参考】

①ベクレル（Bq）のことである。 復習 テキストP.167

Bq（ベクレル）は、放射線を出す能力（放射能）の単位で、1Bqは1秒間に1回放射性物質が崩壊することを意味する。同じ1Bqでも、半減期の長い核種（放射性物質の種類）のほうが、短い核種に比べて原子の数では多くなるため、Bqを放射性物質の量の単位とみなすことは正確ではない。

②エルニーニョ現象のことである。 復習 テキストP.41

④魚付き林のことである。 復習 テキストP.108

🍃 第9問 9−1 （各1点×5）

ア．正答…②過剰耕作 復習 テキストP.120

イ．正答…④塩害 復習 テキストP.120

ウ．正答…⑧中国 復習 テキストP.120

エ．正答…⑫サヘル 復習 テキストP.121

オ．正答…⑭国連砂漠化対処条約 復習 テキストP.120

🍃 第9問 9−2 （各1点×5）

ア．正答…①SDGs未来都市 復習 テキストP.29

イ．正答…③地域循環共生圏 復習 テキストP.246

ウ．正答…⑧協働 復習 テキストP.242

エ．正答…⑩Society5.0 復習 テキストP.29

オ．正答…⑫統合報告書 復習 テキストP.29、215

🍃 第10問 （各2点×5）

ア. 正答…① 復習 テキストP.158

環境負荷の軽減に配慮した車の運転方法が「エコドライブ」である。政府のエコドライブ普及委員会では、「ふんわりアクセル」「車間距離を開けて加速・減速の少ない運転」「不要な荷物を下ろす」など「エコドライブ10のすすめ」を打ち出している。ガソリンを満タンにしておくことは環境負荷の小ささにはつながらないため、不適切である。

イ. 正答…③ 復習 テキストP.107

「エコツアー」に環境大臣の認定は不要である。エコツーリズム推進会議では、エコツーリズムの概念を「自然環境や歴史文化を対象とし、それらを体験し学ぶとともに、対象となる地域の自然環境や歴史文化の保全に責任を持つ観光のあり方」としている。また、エコツーリズム推進法は、地域の創意工夫を活かした自然環境の保全、観光振興、地域振興、環境教育の推進を図るものであり、同法に基づき、全国から20の「エコツーリズム推進全体構想」が策定され国の認定を受けている（2022年4月5日現在）。そして、これらを実践する旅行が「エコツアー」と呼ばれる。

ウ. 正答…① 復習 テキストP.228

①はフェアトレードではなく、CSVの説明である。

【参考】

②正しい。 復習 テキストP.228

③正しい。 復習 テキストP.229

④正しい。 復習 テキストP.229

エ. 正答…④ 復習 テキストP.189

2003年に環境教育推進法（旧法）が誕生した。さらに、環境保全活動・環境教育の一層の推進、幅広い実践的な人材づくりや活用、協働取組の推進などを目的として、旧法が全面改正となり、2011年に環境教育等促進法が成立した。2018年には、体験活動の意義などの捉え直しと、「体験の機会の場」の位置づけの見直しを主とした基本方針の変更がなされている。ただし、「環境教育推進法」

が「環境教育等促進法」に改正されたことによって、小中学校での環境教育が義務付けられたといった定めはない。

オ. 正答…④　復習 テキスト P.75

一次エネルギーを人間が利用しやすい形にして、最終用途に適合させることを、エネルギー転換という。二次エネルギーとは、転換された電気や精製されたガソリンなどである。原子力、天然ガス、バイオマスエネルギーは自然界に存在するままの形態でエネルギー源として採取される「一次エネルギー」である。

【参考】

①正しい。　復習 テキスト P.35

②正しい。　復習 テキスト P.74

③正しい。　復習 テキスト P.35

エネルギーの利用は、生産から消費まで「一次エネルギーの採取・輸送」、「（電力・水素などの）二次エネルギーへの転換」、「最終消費」という3段階に分けて考えることができる。

模擬問題3 解答・解説

第1問 （各1点×10）

ア．正答…② 復習 テキスト P.92

干潟は、干出と水没を繰り返す、平坦な砂泥底の地形であるが、多様な海洋性生物や水鳥などの生息場所となる。生物の多様性のうち、生態系の多様性のひとつであり、干潟、サンゴ礁、森林、湿原、河川など、いろいろなタイプの生態系がそれぞれの地域に形成されている。

イ．正答…① 復習 テキスト P.97

植生や野生動物の分布など国土全体の自然環境の状況を調査する自然環境保全基礎調査（緑の国勢調査）が国によって実施されている。自然環境保全基礎調査やモニタリングサイト1000の成果は、電子化されて管理され、環境省生物多様センターが提供する「生物多様性情報システム（J-IBIS）」により公開されている。

ウ．正答…② 復習 テキスト P.222

森林経営管理制度は、林業経営者に森林の経営管理を集積・集約化するとともに、それができない森林の経営管理を市町村が行うものである（森林所有者自らの施業を義務づけるものではない）。テキスト外の内容であるが、森林経営管理法は、この制度を創設するための法律である。

エ．正答…① 復習 テキスト P.246

地域循環共生圏の創造の要諦は、地域資源を再認識するとともに、それを活用することである。つまり、地域循環共生圏は、自然と人との共生、地域資源の供給者と需要者という観点からの人と人との共生、都市や農山漁村も含めた地域同士が交流を深め相互に支えあって共生することをめざすものである。

オ．正答…① 復習 テキスト P.51、137

東京2020オリンピック・パラリンピックのメダルは、全国各地で回収した携帯電話やパソコンなどの小型家電から制作された。2017

模擬3 解 答

211

年4月〜2019年3月までの2年間で、金32kg、銀3,500kg、銅2,200kgがリサイクルされ、約5,000個のすべてのメダルが製造された。

カ. 正答…① 復習 テキスト P.130、133

ごみ焼却の現状をみると、2020年度におけるごみの直接焼却率は79.6%であり、他国と比べても極めて高い。廃棄物処理の最終段階は、最終処分場での埋め立てとなるが、リサイクルの進展などさまざまな取り組みにより最終処分量は減少している。

キ. 正答…② 復習 テキスト P.45

プランクトンが小魚に食われ、小魚が大きな魚に食われ、という段階を経るごとに汚染物質の濃度が高まる（生物濃縮）。したがって食物連鎖の最終段階にいるイルカや大きな魚などの大型生物は、最も大きな影響を受け、プランクトンなどよりも高い濃度で検出されることになる。

ク. 正答…① 復習 テキスト P.164

環境中での残留性が高いPCB、DDT、ダイオキシン等のPOPs（Persistent Organic Pollutants、残留性有機汚染物質）について、国際的に協調して廃絶、削減等を行う必要から、2001年5月、「残留性有機汚染物質に関するストックホルム条約」（POPs条約）が採択された。「毒性」「難分解性（環境中での残留性）」「生物蓄積性」「長距離移動性」が懸念される物質を対象としている。

ケ. 正答…② 復習 テキスト P.32

富山県神通川流域で発生したイタイイタイ病は、岐阜県飛騨市の神岡鉱山から流出したカドミウムが原因である。

コ. 正答…② 復習 テキスト P.173

高レベル放射性廃棄物の地層処分については、2020年10月に北海道の寿都町が公募への応募を、同じく神恵内村が国からの申し入れを受諾し、初期段階の調査が行われている（「文献調査」と呼ばれる机上調査で、現地調査はなされない）。両自治体ではNUMO（原子力発電環境整備機構）が対話の場を設けて、住民に対する情報提供や意見の聴取を行っているが、地域の中でも賛否が分かれている。

🍃 第2問 2-1 （各1点×5）

ア．正答…②二酸化炭素 復習 テキストP.34
イ．正答…④酸素 復習 テキストP.34

二酸化炭素と吸収した水から、無機炭素から有機物（糖類）を作り出す過程で、酸素が生まれる。これが植物の光合成である。約27億年前にシアノバクテリア（ラン藻）による光合成が活発化し、大量の酸素が海水中に供給されるようになった。

ウ．正答…⑨石灰岩 復習 テキストP.35

石灰岩は、炭酸カルシウムを主成分とする堆積岩で、二酸化炭素の膨大な貯蔵庫でもある。

エ．正答…⑪オゾン 復習 テキストP.35
オ．正答…⑫紫外線 復習 テキストP.35

酸素濃度の上昇に伴い生成されたオゾン層は、生物に有害な紫外線を吸収した。それによって、陸上に植物（約5億年前）や動物（約4億年前）が生息できるようになった。

🍃 第2問 2-2 （各1点×5）

ア．正答…④有機物 復習 テキストP.146
イ．正答…⑤富栄養化 復習 テキストP.146
ウ．正答…⑥BOD 復習 テキストP.147

BODは生物化学的酸素要求量。主に河川の汚染指標として使用される。CODは化学的酸素要求量。主に海域や湖沼の汚染指標として使用される。生活環境項目については、水域の利用目的や水生生物の生息状況の適応性などにより異なる基準値が設定されている。

エ．正答…⑩自浄作用 復習 テキストP.146
オ．正答…⑫水循環 復習 テキストP.149

水質汚濁は、工場、事業場からの産業排水や家庭からの生活排水などによって、河川・湖沼・海域などの水質が汚染されることで発生する。水質汚濁は、人間の健康に影響を与えるだけでなく、汚染された水域を利用する生態系にも被害を及ぼす。こうしたことを受け

て、水環境対策は排水の汚濁対策のほか、水循環の保全にも重点が
置かれるようになった。

【参考】

⑬分流式下水道　復習 テキストP.149

　　汚水と雨水を、別々の管（汚水管と雨水管）で流す下水道。汚水
　　は浄化施設で処理し、雨水は直接河川へ放流する。合流式のほう
　　が建設コストが安いが、大雨のときに汚水が溢れたり、雨水が排
　　水できなかったりする。

🍃 第3問 （各1点×10）

ア．正答…②目標9　産業と技術革新の基盤をつくろう

復習 テキストP.25

情報通信技術もインフラである。この分野のターゲットの中には、
途上国においても2020年までに普遍的かつ安価なインターネット
アクセスを提供できるよう図る、という内容のものもある（ちなみに、
モバイルネットワークにおいて日本は99.99％の人口カバー率であ
る）。途上国など安定した電力の供給が難しい地域では停電もあり、
充電式の電子機器（スマートフォンやタブレット）を使えるモバイ
ルネットワークのほうが使いやすいというケースも少なくない。

イ．正答…①森林認証制度　復習 テキストP.119、カラー口絵Ⅷ

日本では、森林管理協議会（FSC）と緑の循環認証会議（SGEC）
による認証が主に行われている。

【参考】

②レインフォレストアライアンスマーク　復習 テキストP.229
③再生紙使用マーク制度〈テキスト外〉
④エコリーフ環境ラベル制度　復習 テキストP.219、カラー口絵Ⅷ

ウ．正答…③種の宝庫　復習 テキストP.95

種の宝庫ともいわれる熱帯林では、非伝統的な焼畑耕作、過剰放牧、
商業的伐採、森林火災などによる生息地の減少も進んでいる。

【参考】

①自然共生サイト　復習 テキストP.104

30by30目標では、民間と連携したOECM登録の取り組みを推進するため、適切な自然資源管理がなされている民間企業所有地、豊かな自然を有する都市公園、社寺林や庭園など、生物多様性保全に貢献する区域を「自然共生サイト」として公的に位置づける認定制度が2023年から導入されている。2023年度前期には122カ所、後期には63カ所が登録された。

②生命のゆりかご〈テキスト外〉

干潟や湿地、マングローブ林は、生命のゆりかごと呼ばれることがある。

④緑の回廊　復習 テキストP.106

保護林などを回復させ、回廊のようにつなげることで、分断された野生生物の生息地や移動経路を保全し、より広範で効果的な森林生態系の保護を図ろうとするもの。

エ．正答…③白化現象　復習 テキストP.95、カラー口絵Ⅲ

海に生息する生き物の25％がサンゴ礁とかかわって生きているといわれる。サンゴ礁に依存している生き物の種類は非常に多く、サンゴ礁は「海の熱帯林」とも表現され、生物多様性において重要な役割を果たしている。しかし、魚の乱獲、富栄養化及び沿岸域での開発行為が相まって、サンゴの白化現象を悪化させている。

オ．正答…③食品リサイクル法　復習 テキストP.138

正式名称は「食品循環資源の再生利用等の促進に関する法律」。食品廃棄物の発生抑制と減量化促進を目的とした法律で、食品産業の業態別に再生利用等の目標が設定されている。

【参考】

①資源有効利用促進法　復習 テキストP.137

業種、品目を指定して、製品の製造段階における3R対策、設計段階における3Rの配慮、分別回収のための識別表示、事業者による自主回収・リサイクルシステムの構築などを規定。

カ．正答…③ギガトンギャップ　復習 テキストP.64

【参考】

①トレードオフ　復習 テキストP.27

何かを得たら何かを失う、両立できない、といった関係性が本来

模擬3 解答

の意味。目標間のトレードオフ（調整）とは、複数の目標があるために互いに矛盾しそうなアプローチを統合的に調整していくことである。

キ．正答…②国連教育科学文化機関（UNESCO） 復習 テキストP.199

ク．正答…②ステークホルダー・ダイアログ 復習 テキストP.215

【参考】

①ミニ・パブリックス 復習 テキストP.249

③第三者意見表明〈テキスト外〉

環境報告書を作成する事業者以外の第三者が、環境報告書の記載情報や内容に関して意見を表明し、環境報告書に記載することで、信頼性を高めることができる。

④討論型世論調査 復習 テキストP.249

ケ．正答…④代替フロン（HFC） 復習 テキストP.111

【参考】

①特定フロン（CFC、HCFC） 復習 テキストP.111

②揮発性有機化合物（VOC） 復習 テキストP.142

③PCB 復習 テキストP.132

コ．正答…③無過失責任 復習 テキストP.179

公害による損害などにおいて、加害者に故意・過失があったことを被害者に立証させるのは、被害者の救済という観点から問題がある場合がみられる。そこで、加害者に故意・過失が認められなくとも、被害者が損害賠償を求めることができる無過失責任の考え方を取り入れた法律がある（大気汚染防止法、水質汚濁防止法、原子力損害の賠償に関する法律）。

【参考】

①拡大生産者責任 復習 テキストP.179

②排出者責任 復習 テキストP.123

④汚染者負担原則 復習 テキストP.178

🍃 第4問 （各1点×10）

ア. 正答…①産業革命 復習 テキスト P.74
イ. 正答…⑤ロンドンスモッグ事件 復習 テキスト P.74
ウ. 正答…⑧電力 復習 テキスト P.75
エ. 正答…⑩シェールオイル・ガス 復習 テキスト P.76
オ. 正答…⑮エクソン・バルデイーズ号 復習 テキスト P.76

【参考】
⑬日本の貨物船「わかしお」〈テキスト外〉
　2020年7月25日、インド洋の島国モーリシャス沖で座礁し、燃料の重油約1000トンが海に流出した。
⑭ヘーベイ・スピリット号〈テキスト外〉
　2007年12月6日、韓国泰安郡の黄海海域で破損し、10,800トンの重油が流出した。

カ. 正答…⑰有限 復習 テキスト P.76
キ. 正答…⑲光化学スモッグ 復習 テキスト P.143
ク. 正答…㉔温排水 復習 テキスト P.77
ケ. 正答…㉗低周波空気振動 復習 テキスト P.77
コ. 正答…㉙光の明暗（シャドーフリッカー） 復習 テキスト P.77

🍃 第5問 （各2点×5）

ア. 正答…④ 復習 テキスト P.59

世界の平均気温は、少なくとも今世紀半ばまでは上昇を続け、向こう数十年の間に CO_2 及びその他のGHGの排出が大幅に減少しない限り、21世紀中に2℃以上の地球温暖化が生じてしまうことが予測されている。つまり、向こう数十年の間にGHGの排出を大幅に減らすことには、大きな意味がある。

気候変動に関する政府間パネル（IPCC）では「人間の影響が大気、海洋及び陸域を温暖化させてきたことは疑う余地がない」ことで合意されている。

模擬3 解答

イ. 正答…④ 復習 テキスト P.105

保安林は、水源の涵養、土砂の崩壊その他の災害の防備、生活環境の保全・形成等、特定の公益目的を達成するため、農林水産大臣または都道府県知事によって指定される森林のことである。人の手が加わっていない十勝山源流部や南硫黄島は原生自然環境保全地域である。

ウ. 正答…① 復習 テキスト P.178

汚染被害の補償や救済の費用を事業者が負担するのは、汚染者負担原則（排出者責任）によるもの。法律で定める一定の場合に無過失責任が問われるが、拡大生産者責任によるものではない（大気汚染防止法、水質汚濁防止法、原子力損害の賠償に関する法律）。

エ. 正答…② 復習 テキスト P.170

災害廃棄物は一般廃棄物とみなされるため、市町村が処理を行うこととされている。しかし、東日本大震災による沿岸部の被害は甚大で、市町村の行政機能が損なわれていたため、災害廃棄物の処理を市町村が県に委託する方式が多くの自治体でとられてきた。

オ. 正答…③ 復習 テキスト P.172

低レベル放射性廃棄物は、含まれる放射能のレベルによって、浅い地中に直接、廃棄物を埋める方法から、地下50〜100mにコンクリート製の囲いを設ける中深度処分まで、いくつかの方法に分けて処分される。（一部の低レベル放射性廃棄物は地層処分が行われている）。

🍃 第6問 （各1点×10）

ア. 正答…①人間環境宣言 復習 テキスト P.14

ローマクラブが『成長の限界』を発表し、ストックホルムで国連人間環境会議が開催され、人間環境宣言が採択された1972年は、環境問題が世界規模で本格的に議論されるようになった最初の年といえる。

【参考】

②ベオグラード憲章 復習 テキスト P.188

環境教育の目的や内容を明確にしたもので、1975年の国際環境

教育ワークショップで採択された。

③我々の望む未来　復習 テキスト P.17

リオ＋20で採択された宣言文。「グリーン経済」が重要なテーマとして位置づけられた。

④ベルリン宣言　復習 テキスト P.189

2021年のESD世界会議で採択された。

イ．正答…③エルニーニョ　復習 テキスト P.41

エルニーニョ現象は、日本における冷夏・暖冬などの異常な天候の原因と考えられている。反対にラニーニャ現象は、猛暑・厳冬の原因になると考えられている。

【参考】

①生物ポンプ　復習 テキスト P.40

大気と海洋の間では、活発な CO_2 の交換が行われている。海面表層に溶け込んだ CO_2 は植物プランクトンに取り込まれ、光合成などに利用される。この生物ポンプの働きによる海中への CO_2 の取り込みは、植物プランクトンを成長、増殖させ、川からの栄養分の流入とともに海洋の生態系を豊かにする食物連鎖のスタートも意味している。

②熱塩循環　復習 テキスト P.39

海洋の深層部で起きる海流の循環。海域ごとの海水密度の違いにより発生する。

④ラニーニャ　復習 テキスト P.41

ウ．正答…④中国　復習 テキスト P.63

エ．正答…④国際的取組　復習 テキスト P.177

「環境基本計画」は、環境基本法に基づき政府が定める環境の保全に関する基本計画である。なお、自然と人間は「共生」に、公正・公平な役割分担は「参加」に、それぞれ含まれている。

オ．正答…③汚れた廃プラスチック　復習 テキスト P.115

バーゼル条約は有害な廃棄物の越境移動や処分、規制に関する国際条約である。なお、自然界の微生物などの作用により最終的に二酸化炭素と水になる生分解性プラスチックへの置き換えは、海洋プラスチック問題の対策のひとつである。

模擬3 解答

カ. 正答…①フードドライブ 復習 テキスト P.138

2019 年度の推計では、日本では年間 2,510 万トンの食品由来の廃棄物が排出されている。そのうち食品ロス（フードロス）は年間570 万トンである。

【参考】

②フードバンク 復習 テキスト P.138

③フードマイレージ 復習 テキスト P.231

④ローテーション 復習 テキスト P.230

キ. 正答…②テレビ 復習 テキスト P.136

廃家電の出荷台数に対する回収率は 2016 年度以降増加しており、2020 年度における 4 品目合計の回収率は 64.8％であった。家電リサイクル法の特徴の一つに、製造業者自らが廃製品をリサイクルする点があげられ、これがよりリサイクルしやすい商品の設計や材料の開発に貢献している。

ク. 正答…③室温28℃ 復習 テキスト P.71

地球温暖化対策のための国民運動。夏のクールビズの室温の目安は28℃。ちなみに、冬のウォームビズの室温の目安は 20℃である。

ケ. 正答…③共助 復習 テキスト P.224

個人を重んじた暮らし方が定着し、地域で助け合う精神が希薄になっているとも言われるが、近年、自助／共助／公助の考え方が、防災や災害対策の分野で多く使われるようになってきた。自分や家族の命は自分たちで守る「自助」、近隣が助け合って地域を守る「共助」、国や自治体が支援する「公助」である。この「三助」の考え方は、江戸時代の米沢藩主・上杉鷹山が提唱したとされる。

【参考】

①ODA 復習 テキスト P.193

Official Development Assistance（政府開発援助）の頭文字をとったもの。日本の ODA の重点分野の一つが環境である。

コ. 正答…②豊島 復習 テキスト P.133

1975 年頃から 1990 年にかけて、大量の産業廃棄物が搬入、放置、不法投棄されていた瀬戸内海の豊島は、今では「アートの島」「棚田の島」として知られるようになった。廃棄物撤去・処理事業は、

国庫補助金や地方債を財源として2003年度から進められ、2017年6月に撤去を終了。その後、地下水汚染の監視を続けていたが、おおむね排水基準を満たし、国の財政支援の期限を迎える2022年度末で処理事業を終えることに香川県と住民が合意し、その後2023年3月に整地工事が完了した。処分地は2023年度以降も県が管理し、地下水のモニタリングを続けるとしている。

🌿 第7問 （各2点×5）

ア. 正答…③ 復習 テキストP.144

大都市では、自動車NOx・PM法によって基準値が定められている。自動車の排出ガスには一酸化炭素（CO）、炭化水素（HC）、窒素酸化物（NOx）、粒子状物質（PM）が含まれ、光化学スモッグ、酸性雨などの原因となっているからである。なお「都市の低炭素化の促進に関する法律」は、通称「エコまち法」であり、低炭素まちづくり計画の作成や低炭素建築物の普及に関連したものである。

イ. 正答…② 復習 テキストP.158

交通手段に関する対策としては、モーダルシフトと、単体での対策がある。輸送量あたりの二酸化炭素排出量が少ない船舶や鉄道、バスへと切り替えることはモーダルシフトである。①はエコカーの普及、③はカーシェアリングであり、いずれも単体対策である。

ウ. 正答…① 復習 テキストP.159

地球温暖化対策の観点から、世界各国でガソリン車の新規販売を停止し、走行時にCO_2の排出がない電気自動車や燃料電池車に転換する動きがある。日本では2035年までに新規販売車を100%電動車（ハイブリッド自動車を含む）にする目標が立てられている。

【参考】

②イギリスでは2030年、フランスでは2040年までにガソリン車の新車販売を禁止する方針である。 復習 テキストP.159

③日本ではすでに電気自動車、燃料電池自動車、プラグインハイブリッド車、天然ガス自動車、クリーンディーゼル車が非課税となっている。 復習 テキストP.235

エ. 正答…① 復習 テキスト P.159

近年では、自動車からの排出ガス対策として、カーナビゲーションやETCなどのITS（高度道路交通システム）を普及させ、道路交通の効率化を図る取り組みが進められている。

【参考】

②ロードプライシングのことである。 復習 テキスト P.159

③エコドライブのことである。 復習 テキスト P.158

オ. 正答…② 復習 テキスト P.157

コンパクトシティは、自動車をあまり使わなくても生活できる都市、まちづくりの構想である。公共交通機関の維持や都市空間の有効利用が可能となり、CO_2等の環境負荷の低減、市街地の活性化、都市インフラとサービスの効率向上、安価で効率的な行政運営といった効果が期待される。①や③は都市の環境問題に対応できる取り組みではあるが、コンパクトシティの考え方とは異なる。

🍃 第8問 （各1点×10）

ア. 正答…① 復習 テキスト P.91

次世代電力計（スマートメーター）の通信・制御機能を活用し、送電調整のほか時間帯別など多様な電力契約などを可能にした次世代電力網（スマートグリッド）や、熱や未利用エネルギーなどを、地域全体で活用していくコミュニティのこと。交通システム、電力供給、地域冷暖房などのインフラの整備によって、地域全体の省エネルギー化のほか、市民のライフスタイルの変革なども期待できる。

【参考】

②SDGs未来都市 復習 テキスト P.242

③トランジション・タウン〈テキスト外〉

④環境共生住宅によるまちづくり(環境共生住宅) 復習 テキスト P.233

イ. 正答…③ 復習 テキスト P.131

産業廃棄物管理票（マニフェスト）を、産業廃棄物処理を委託する際に交付し、その回付により確実な処分を確認しなければならない。

【参考】
①処理基準　復習 テキスト P.131
②処理業者の許可制　復習 テキスト P.131
④廃棄物処理施設設置の許可制　復習 テキスト P.131
いずれも廃棄物処理法の仕組みである。

ウ. 正答…①　復習 テキスト P.139

工業用シュレッダーで廃家電や廃自動車を破砕した廃棄物をシュレッダーダストという。

【参考】
②カレットのことである。〈テキスト外〉
③ばいじんのことである。　復習 テキスト P.143
④プラスチックペレットのことである。〈テキスト外〉

エ. 正答…①　復習 テキスト P.111

正式名称「オゾン層を破壊する物質に関するモントリオール議定書」。オゾン層破壊物質の全廃スケジュールを設定し、消費および貿易の規制、最新の科学、情報に基づく規制措置の評価を実施することなどを定めている。

オゾン層保護は地球環境問題の中では最も効果をあげている取り組みといわれているが、その理由として、先進国だけでなく途上国も含めて規制を実施していること、先進国の拠出による途上国支援の仕組みがあることが考えられる。

【参考】
②ヘルシンキ条約　復習 テキスト P.114
③フロン排出抑制法　復習 テキスト P.111
④南極条約　復習 テキスト P.253

オ. 正答…①　復習 テキスト P.90

近年は「エネファーム」という名称の燃料電池システムが販売されている。これは都市ガス、LPG、または灯油から水素をつくり、燃料電池を駆動するもので、燃料電池の発電効率が35〜45%、排熱利用効率が30%程度になる。発電時に発生する熱エネルギーを給湯や暖房に利用する。

【参考】

②氷蓄熱利用 〈テキスト外〉

　ちなみに、テキスト P.86 にある雪氷熱（利用）は寒冷地の冬の雪や氷を保管して、利用するものである。

③地中熱利用　**復習** テキスト P.86

④ヒートポンプ　**復習** テキスト P.90

カ.　正答…②　**復習** テキスト P.221

テレワーク（リモートワーク）に関する内容。第 8 版のテキストには「働き方改革」に関連した内容が掲載されており、その内容からの出題があった。

キ.　正答…③　**復習** テキスト P.101

農業や林業などの人間の営みを通じて形成された 2 次的な自然環境を保全することをねらいとし、2010 年に名古屋で開催された「生物多様性条約第 10 回締約国会議（COP10）」の開催中に日本が提唱し、世界規模で進められている取り組み。

【参考】

①自然環境トラスト活動　**復習** テキスト P.107

④モニタリングサイト 1000　**復習** テキスト P.97

ク.　正答…④　**復習** テキスト P.106

国内希少野生動植物種は、販売・頒布目的の陳列・広告、譲渡、捕獲・採取、殺傷・損傷、輸出入などが原則禁止されている（2022年 1 月に 32 種が追加指定され合計 427 種）。外国産の希少野生生物についても、同様の措置が行われている。

【参考】

①動物愛護管理法 〈テキスト外〉

②鳥獣保護管理法　**復習** テキスト P.109

③外来生物法　**復習** テキスト P.107

　近年特に、輸入品などとともに非意図的に侵入するヒアリ等の事案が増加し問題となっていることから、2022 年の法改正において、通関後の検査、指示権限などが強化された。

ケ.　正答…③　**復習** テキスト P.95、96

国際自然保護連合（IUCN）が作成する「レッドリスト」は、野生

動植物の現状を知る手がかりとなる。2021年12月に公表された IUCN のレッドリストでは、既知種（学名のついた）の173万種の うち14万7517種について評価しており、そのうち4万48種を絶滅危惧種として選定している。

なお、環境省も2020年3月に「環境省レッドリスト2020」を公表している。絶滅危惧種は、レッドリスト2019から40種増加（42種追加、2種削除）し、合計3716種となっている。

【参考】

①SDS 　復習 テキスト P.165

Safety Data Sheet のこと。個別の化学物質について、安全性や毒性に関するデータ、取り扱い方、救急措置などの情報が記載されている。

②WDS（廃棄物データシート）〈テキスト外〉

④統一省エネラベル 　復習 テキスト P.83、カラー口絵Ⅶ

コ．正答…② 　復習 テキスト P.228

グリーン購入促進のため、グリーン購入法が定められている（2001年施行）。その内容は「国の機関への義務づけとグリーン購入商品などの情報の整理・提供」「地方自治体への努力義務」「企業・国民へのグリーン購入への努め」となっている。

【参考】

①エコファンド 　復習 テキスト P.209

③グリーンボンド 　復習 テキスト P.69

④エコマネー〈テキスト外〉

特定のコミュニティや地域内のみで利用できる、ボランティア活動などに対して支払われる地域通貨。ポイントカードの普及もあり、2000年代以降はポイントシステムの形で同様の取り組みが見られている。

🍃 第9問 9−1 （各1点×5）

ア．正答…③循環 　復習 テキスト P.122

天然資源の大量消費、大量廃棄を前提とした一方通行型の社会経済

模擬 3 解答

システムではなく、物質の循環の輪を途切れさせることなく、適正に廃棄物を処理する循環型のシステムに変えていく必要がある。

イ．正答…⑤リデュース 復習 テキスト P.122

ウ．正答…⑨マテリアルリサイクル 復習 テキスト P.122

エ．正答…⑫3R 復習 テキスト P.122

リデュース（Reduce）、リユース（Reuse）、リサイクル（Recycle）の頭文字からの「3R」である。

オ．正答…⑮循環型社会形成推進基本法 復習 テキスト P.122

循環型社会を構築するため、2000年に公布された循環型社会形成推進基本法では、リデュース（発生抑制）、リユース（繰り返し使用）、マテリアルリサイクル（原料としての再生利用）、サーマルリサイクル（熱回収）、適正処分の順で、優先順位が示されている。

🌿 第9問 9-2（各1点×5）

ア．正答…③40 復習 テキスト P.54

カロリーベースの食料自給率は先進諸国のなかで最も低く、2020年度は37％である。食料・農業・農村基本計画では2030年度のカロリーベース食料自給率45％を目標としている。

イ．正答…⑤地産地消 復習 テキスト P.54

地域で採れたものをその地域で消費することは、輸送時間が短く新鮮さや栄養分を保持しやすい、フードマイレージが低下し環境にやさしい、生産者の顔が見えて安心できるなどのトレーサビリティーや、地域の第一次産業の応援になる、郷土食への理解や食育につながるなどのメリットもある。

ウ．正答…⑧旬産旬消 復習 テキスト P.54

旬の食材は、ほかの時期に収穫されたものよりも栄養が豊富であることがわかっている。

エ．正答…⑩フードマイレージ 復習 テキスト P.231

生産地と消費地が離れていると、輸送にかかるエネルギーが多く必要となり、地球環境に負荷を与えるという考え方。

オ．正答…⑪バーチャルウォーター 復習 テキスト P.231

輸入する物質をその国で生産するとしたら、どの程度の水が必要か
を推定した水の量。

第10問 （各2点×5）

ア．正答…② 復習 テキスト P.237

税制優遇措置は国によって違いがある。日本では認定 NPO 法人に
なれば寄付者に対して寄付金控除が認められるようになっている。

【参考】

①正しい。 復習 テキスト P.237

継続的な活動を支える支援ファンドの拡大が望まれる。

③正しい。 復習 テキスト P.236

参加する側からは、地域の環境保全に関わりながら社会参加への
思いを実現できるという面もある。

④正しい。 復習 テキスト P.237

政策への「提言」や、理念の「提唱」といったアドボカシー機能
を有している政策提言型・調査研究型の環境 NPO も少なくない。

イ．正答…④ 復習 テキスト P.211

ISO14001 には、環境負荷を数値的に計算した標準的なモデルなど
はなく、改善の対象やレベルが業種・業態別に細かく定められてい
るということもない。あくまで、環境負荷を低減するためのシステ
ムのつくり方を定めたものであり、特定の効果を要求するものでは
ない。ただし、エコアクション 21 では改善対象として CO_2 や廃棄
物など決まっているものがある。

【参考】

②正しい。 復習 テキスト P.210

Plan（計画）、Do（支援および運用）、Check（パフォーマンス評価）、
Act（改善）のサイクルを回して継続的に改善を図るものである。

ウ．正答…③ 復習 テキスト P.76

これらは一次エネルギー輸送での事故である。原油タンカーで事故
があると、原油が海洋に広範囲に流出して海洋汚染を引き起こして

しまう。このほか、アラスカで起きたエクソン・バルディーズ号原油流出事故も、深刻な被害が出た例として知られている。

【参考】

①正しい。 復習 テキスト P.74

②正しい。〈テキスト外〉

SDGs の 17 の目標と 169 のターゲットは、いま世界で必要とされていることの一覧であると考えられる。

④正しい。 復習 テキスト P.77

シャドーフリッカーへの対策は、今のところ、太陽が低い位置にある間、風車を止める以外にない。

エ. 正答…② 復習 テキスト P.120

砂漠化が進行しているのは、アフリカ、アジア（中国、インド、パキスタン、西アジア）、南アメリカ、オーストラリアなどである。

【参考】

①正しい。 復習 テキスト P.121

2017 年の国連砂漠化対処条約締約国会議では、2030 年までの LDN（土地劣化の中立性）と SDGs の達成をめざして戦略的枠組みを策定し、それに従って現在までに 123 か国が LDN の目標を設定している。

④正しい。 復習 テキスト P.120

食料不足や飢餓は、民族間紛争や国際紛争の原因となりかねない深刻な問題である。

オ. 正答…① 復習 テキスト P.56

地球温暖化の主な原因は、大気中の GHG 濃度が高くなることにより、地球表面付近の温度が上昇することである。

【参考】

④正しい。 復習 テキスト P.39

海洋には、大きな海流の循環が 2 つある。その 1 つである海面表層部の循環は、栄養分や海洋生物の移動ルートとして海洋の生態系に影響を与えるとともに、海流の水温や流れの方向が、周辺の海域や陸域の気候の安定や変動に大きな影響を与えている。

模擬問題4
解答・解説

第1問 （各1点×10）

ア. 正答…① 復習 テキスト P.31

人獣共通感染症とは、動物から人間へ伝染する感染症。動物由来感染症ともいう。従来は知られていなかったような病原体が突然発生した場合、免疫が獲得されていないためパンデミックを引き起こすことがある。

イ. 正答…① 復習 テキスト P.52

貧困は環境問題の大きな原因である。2022年世界で最も裕福な10人の資産は、最も貧しい40%にあたる約31億人分を上回っている。

ウ. 正答…② 復習 テキスト P.16

1972年の国連人間環境会議（ストックホルム会議）では、人間環境宣言が採択され、国際的な取り組みの必要性を明言した。アジェンダ21はその20年後の1992年国連環境開発会議（地球サミット）で採択されたもの。

エ. 正答…② 復習 テキスト P.30

日本では2017年に「SDGsアクションプラン2018」を決定し、それ以降、毎年策定を続けている。日本のSDGsの取り組み状況は世界第19位で、達成できているのは目標4（教育）、目標9（産業・技術革新）、目標16（平和）の3つだった。一方、SDGsの達成度が低く、かつ状況の改善がみられないため、さらなる取り組みの強化が求められているのは、目標14（海の豊かさ）と目標15（陸の豊かさ）であった。国際研究ネットワークのレポートでは、1位フィンランド、2位デンマーク、3位スウェーデン、と北欧諸国が高評価となった。

オ. 正答…① 復習 テキスト P.117

国際的な取り組みの一つとして「東アジア酸性雨モニタリングネットワーク」（EANET）による東アジアを中心とした取り組みも実施されている。

カ. 正答…② 復習 テキスト P.156

都市型洪水とは地表面のアスファルト化やコンクリート化によって貯水（保水）機能と滞留（遊水）機能が失われた状態で、短時間に都市（都市河川）の排水能力を上回る集中的な降雨があると、排水が追いつかず、低い土地での浸水被害などが起こることである。

キ. 正答…① 復習 テキスト P.95

野生生物種減少の背景には、途上国などの貧困や急激な人口増加、より豊かな生活の追求など、社会的、経済的な問題も存在している。

ク. 正答…① 復習 テキスト P.237

NPO 法により NPO にもマネジメントが求められるようになっている。収入も会費や事業収入などを含め多様化している。かねてから言われていることだが、NPO が十分に役割を果たすには、マネジメントや自立した運営基盤の強化が肝要である。

ケ. 正答…① 復習 テキスト P.134

容器包装リサイクル法には「消費者」「市町村」「事業者」それぞれの役割があり、分別排出は消費者の役割、分別収集は市町村の役割、そして再商品化（リサイクル）は事業者の役割である。同法により、従来は市町村の役割とされていたリサイクルが、事業者の役割として明確化された。そこで、想定よりもリサイクル費用が少なく済んだ時には、少なく済んだ分の半額を事業者が市町村へ支払う制度が導入されている。2019 年度には、1 億 4 千万円が支払われた。

コ. 正答…② 復習 テキスト P.92

生物多様性には、種（種間）の多様性のほか、同じ種であっても異なる個性を生む遺伝子（種内）の多様性、さまざまな生物が関わる生態系の多様性があり、それらをトータルで考えることが重要である。種間の差異を「種の多様性」と呼び、アサリの貝殻やナミテントウの模様の違いを「遺伝子の多様性」と呼ぶ。また、メダカやサクラソウなどは地域によって遺伝子集団が異なることが知られている。

第2問　2-1（各1点×5）

ア．正答…⑧EMS　復習 テキストP.210

環境マネジメントシステムのこと。環境を自ら継続的に改善するための「しくみ」を定めたもので、代表的なものにISO14001がある。エコアクション21は中小企業向けのEMSとして環境省が基準を作成した。

イ．正答…⑪パフォーマンス評価　復習 テキストP.211

PDCAのPはPlan（計画）、DはDo（支援及び運用）、CはCheck（パフォーマンス評価）、AはAct（改善）。パフォーマンス評価をふまえて、次につながる改善を図る。

ウ．正答…⑭自らの本来業務〈テキスト外〉

組織が行っている活動、その結果生み出される製品・サービスにおいて環境に影響を与えるものが改善の対象となる。

エ．正答…⑥省エネ化・長寿命化　復習 テキストP.211

分解性の高い製品も改善の対象例である。

オ．正答…③サプライ・チェーン　復習 テキストP.218

サプライとは供給、チェーンとは鎖（連鎖）。製品の開発から販売までを一連の流れとして考える。

【参考】

①環境指標　復習 テキストP.183

②SNS　復習 テキストP.215

④企業行動規範　復習 テキストP.208

⑤企業行動憲章　復習 テキストP.208

⑫説明責任　復習 テキストP.206

　影響を及ぼす組織で権限を行使する者が、影響を受けるステークホルダーに、その活動内容を事前ないし事後に報告する必要があるという考え。

⑬プレッジ・アンド・レビュー　復習 テキストP.214

　事業者が環境配慮などの取り組みに関する方針、目標などを誓約として公表することにより、社会がその状況を評価する効果が働く。

第2問　2-2　（各1点×5）

ア. 正答…②南米　復習 テキスト P.118
イ. 正答…④地球温暖化　復習 テキスト P.118
ウ. 正答…⑧焼畑耕作　復習 テキスト P.118

伝統的な焼畑耕作は、数年間作づけした後に、別の場所に移動する。放棄された耕作地は、10〜20年以上で植生が回復し、再び畑として利用できる。しかし、非伝統的な焼畑では土地をローテーションする手法を守らないため、森林破壊の原因となる。

エ. 正答…⑩森林火災　復習 テキスト P.118
オ. 正答…⑭クリーンウッド法　復習 テキスト P.119

海外で違法に伐採された木材の輸入や流通の防止を目的とし、木材を扱う業者は、合法的に伐採された木材を扱うことが努力義務とされている。

第3問　（各1点×10）

ア. 正答…③ジビエ　復習 テキスト P.109

シカやイノシシ、クマ、ウサギ、カモなど、狩猟によって、食材として捕獲された野生の鳥獣をジビエという。鳥獣の捕獲等の促進とともに、ジビエ利用促進を考慮した狩猟者の育成などが行われている。

【参考】

①外来生物　復習 テキスト P.107

　もともとその地域にいなかったが、人間活動によってほかの地域から入ってきた生物のことを外来生物という。農作物や家畜、ペットのように生活に欠かせない生物も含まれている。

②遺伝子組換え生物　復習 テキスト P.99

　生物多様性保全と遺伝子組換え生物については、1999年コロンビアのカルタヘナで開催された特別締約国会議で、遺伝子組換え生物の輸出入などに関した手続きなどを定めたカルタヘナ議定書が討議され、2003年に発効した。

④特定外来生物　復習 テキスト P.107

外来生物のうち、特に地域の自然環境などに大きな被害をもたらすものは、法律で、飼育・栽培、保管、運搬、販売・譲渡、輸入、野外への放出などが禁止されている。

イ. 正答…②緑のカーテン 復習 テキストP.161

緑のカーテンとは、ゴーヤやアサガオなどのツル性の植物を、窓の外や壁面に張ったネットなどに這わせて覆う取り組みである。直射日光を遮ることで室内温度の上昇の抑制、建物の壁などへの熱蓄積防止によるヒートアイランド現象の緩和、葉の蒸散作用による気温低下などの効果が期待できる。

【参考】

①グリーンベルト 復習 テキストP.244

農地で、植物を植えることで赤土を保持する対策として紹介されている。そのほか、都市部の無秩序的な拡大を防ぐため、広域の緑地帯を郊外に設けることもグリーンベルトと呼ぶ。

③クールスポット 復習 テキストP.161

人工的なミスト（霧状の水）の噴霧、広場への噴水設置など、涼しく過ごせる場所のこと。

④屋上緑化 復習 テキストP.161

東京都では、自然保護条例で一定規模以上の敷地を持つ新築・改築建築物の屋上緑化を義務づけており、この動きは他の自治体にも広がっている。

ウ. 正答…③REACH規則 復習 テキストP.216

REACH規則は、EUにおいて、約3万種類の化学物質の毒性情報などの登録・評価・認定を義務づけ、安全性が確認されていない化学物質を市場から排除していこうという考え方に基づいて制定された。

【参考】

①RoHS指令 復習 テキストP.216

RoHS指令により、EU圏内では、電気・電子機器における鉛、水銀、カドミウム、六価クロム、ポリ臭化ビフェニル（PBB）、ポリ臭化ジフェニルエーテル（PBDE）、フタル酸エステル類4物質の計10物質の使用を原則禁止している。

②WEEE指令 復習 テキストP.216

模擬4 解答

EU 圏内で、大型及び小型家庭用電気製品、情報技術・電気通信機器、医療関連機器、監視制御機器など幅広い品目を対象に、各メーカーに自社製品の回収・リサイクル費用を負担させる指令。

④ASC 認証　【復習】テキスト P.223

水産養殖管理協議会の認証制度。持続可能な方法で養殖された魚につけられる環境ラベルである。

エ. 正答…②デカップリング　【復習】テキスト P.51

経済成長と環境負荷のデカップリングに成功している例として、スウェーデンがあげられる。

【参考】

①パンデミック　【復習】テキスト P.31

感染症の世界的な大流行、感染爆発のこと。古くはスペインかぜ、近年の新型インフルエンザ、そしてコロナウイルスもパンデミックを引き起こした。

オ. 正答…④カルタヘナ議定書　【復習】テキスト P.99

カルタヘナ議定書を受けて国内法として制定されたカルタヘナ法の正式名称は「遺伝子組換え生物等の使用等の規制による生物の多様性の確保に関する法律」である。

【参考】

①京都議定書　【復習】テキスト P.63

京都議定書は、1997 年の国連気候変動枠組条約の第 3 回締約国会議（COP3）で採択された。先進国に対して、法的な拘束力を持つ GHG 削減の数値目標を国ごとに設定したほか、排出量取引のルールを定めた京都メカニズムの導入も盛り込まれた。

②名古屋議定書　【復習】テキスト P.99

生物多様性条約第 10 回締約国会議（COP10）では、生物多様性戦略計画 2011-2020 が採択されたほか、愛知目標の設定、SATOYAMA イニシアティブの提唱、遺伝資源へのアクセスと利益配分（ABS）に関する国際的な枠組みである名古屋議定書の採択などが行われた。

③モントリオール議定書　【復習】テキスト P.111

正式名称「オゾン層を破壊する物質に関するモントリオール議定

書」。オゾン層破壊物質の全廃スケジュールを設定し、規制措置の評価を実施することなどを定めた。

カ. 正答…①ラムサール条約　復習 テキストP.98

正式名称は「特に水鳥の生息地として国際的に重要な湿地に関する条約」。日本で最初のラムサール条約湿地は、冬にタンチョウの繁殖地ともなる釧路湿原（1980年）である。

【参考】

②POPs条約　復習 テキストP.164

正式名称は「残留性有機汚染物質に関するストックホルム条約」で「ストックホルム条約」とも呼ばれる。

③外来生物法　復習 テキストP.107

正式名称は「特定外来生物による生態系等に係る被害の防止に関する法律」。日本在来の生態系、人の生命・身体、農林水産物に悪影響を与える恐れのある外来種を「特定外来生物」に指定し、許可なしに飼育や栽培、保管、持ち運びや輸入を禁じる法律。

④日米渡り鳥等保護条約〈テキスト外〉

正式名称は「渡り鳥及び絶滅のおそれのある鳥類並びにその環境の保護に関する日本国政府とアメリカ合衆国政府との間の条約」。

キ. 正答…②クールビズ　復習 テキストP.71

クールビズや省エネ・低炭素型の製品やサービス、行動などの「賢い選択」を促すCOOL CHOICE（クールチョイス）、家庭エコ診断などによるCO_2排出量の見える化やナッジによる行動変容も期待されている。

【参考】

①スマートムーブ　復習 テキストP.233

「移動」にともなうCO_2排出量を見直し、自転車や歩行、公共交通機関の利用など、CO_2排出の少ない移動にチャレンジして、「移動」を「エコ」にする新しいライフスタイルの提案。

③エシカル　復習 テキストP.228

エシカルとは倫理的、道徳上という意味。不公平や差別をなくすといった社会的課題も含まれる。オーガニックコットンや自然から生まれたバイオプラスチックや和紙など、環境に考慮したエコ

模擬4 解答

フレンドリーな素材を使用したファッションをエシカルファッションという。

④ファストファッション　復習 テキストP.230

　流行を取り入れつつ低価格に抑えた衣料品を、短いサイクルで大量生産・販売するファッションブランドやその業態のこと。

ク. 正答…④SATOYAMAイニシアティブ　復習 テキストP.101

里山が人の福利と生物多様性の両方を高める可能性があることから、人間と自然環境の持続可能な関係の再構築をめざす試み。2010年に名古屋で開催された「生物多様性条約第10回締約国会議」において、生物多様性の保全のためとして提唱された。

【参考】

①モニタリングサイト1000　復習 テキストP.97

　日本全国の1,000カ所程度を目安に、生態系の長期にわたる継続的なモニタリングを行い、生物種の減少など、自然環境の変化を捉え、その保全対策につなげようとする活動。

②東アジア酸性雨モニタリングネットワーク　復習 テキストP.117

　東アジア酸性雨モニタリングネットワークは、東アジアの酸性雨に関する定期報告書を作成するほか、技術支援や普及啓発活動などを行っている。

③3Rイニシアティブ　復習 テキストP.122

　循環型社会の構築を国際的に進めるため、2004年のG8サミットで日本が提唱した。

ケ. 正答…③国連教育科学文化機関（UNESCO）　復習 テキストP.98

パリに本部がある。世界遺産センター（事務局）を管轄している。ユネスコエコパークや、ユネスコ世界ジオパークも、ユネスコによる事業である。

【参考】

①国連食糧農業機関（FAO）　復習 テキストP.199

②世界保健機関（WHO）　復習 テキストP.199

④国際自然保護連合（IUCN）　復習 テキストP.199

コ. 正答…③サステナビリティ報告書　復習 テキストP.214

従来は環境報告書が一般的であったが、最近は、従来の環境に加え、

経済、社会貢献などの分野までカバーしたサステナビリティ報告書、CSR にもとづいた CSR 報告書へと発展している。

【参考】

①環境報告書 　復習 テキスト P.214

企業などが、環境活動に取り組む方針や環境活動の実績などをまとめたもの。

②第三者意見書〈テキスト外〉

事業者以外の第三者が記載情報について評価や勧告などの意見を表明したり、事業者の取り組みに対して意見を表明したりするもの。

④GRI ガイドライン 　復習 テキスト P.215

あらゆる組織がサステナビリティ報告書を作成する際に、利用可能な枠組みを提供するために作成されたガイドラインのこと。オランダに本部を置く NGO 団体、GRI が作成している。

🍃 第4問 （各1点×10）

ア. 正答…②足尾銅山鉱毒事件 　復習 テキスト P.18

農民らの請願や、衆議院議員の田中正造の天皇への直訴で政治・社会問題となった。この事件は、日本の公害運動の原点とされる。

イ. 正答…④産業公害 　復習 テキスト P.141

ウ. 正答…⑥有機水銀 　復習 テキスト P.18

工場排水に含まれていた微量の有機水銀が生物濃縮により魚介類に蓄積され、その魚介類を日常的に食べていた近隣住民に大きな被害が出た。

エ. 正答…⑩カドミウム 　復習 テキスト P.18

有毒な重金属。鉱山の採掘や、亜鉛の精錬の際の副産物として生成される。

オ. 正答…⑫硫黄酸化物（SOx） 　復習 テキスト P.18

化石燃料の燃焼で発生。呼吸器系の健康被害、ぜんそく、気管支炎を発症する原因になる。

カ. 正答…⑬公害国会 　復習 テキスト P.18

1967 年に公害対策基本法制定。その後 1970 年の臨時国会では 14

の公害対策関連法が成立し、公害国会と呼ばれた。

キ．正答…⑮環境庁 復習 テキスト P.18

1971年に発足。環境行政を専門的に扱う。2001年には環境省となる。

ク．正答…⑰エンドオブパイプ 復習 テキスト P.19

工場の排気や排水を、環境に放出される排出口で何らかの処理をすることによって環境負荷を軽減する技術。規制的手段によるエンドオブパイプ技術の開発とともに、公害対策は進展した。

ケ．正答…㉑石油危機 復習 テキスト P.19

原油価格の急騰による1970年代の2度の石油危機は、資源の9割以上を海外に頼る日本にエネルギー政策の転換を迫ることにもつながった。

コ．正答…㉓環境基本計画 復習 テキスト P.20

環境基本法に基づき、国による環境基本計画の策定が義務づけられた。2018年の第5次環境基本計画では、SDGsを地域で実践するためのビジョンとして「地域循環共生圏」の創造を掲げている。

🍃 第5問 （各2点×5）

ア．正答…③ 復習 テキスト P.20

京都議定書は、1997年に京都市で開催された国連気候変動枠組条約の第3回締約国会議（COP3）で採択された。先進国に対して、法的な拘束力を持つGHG削減の数値目標を国ごとに設定し、2008～2012年の第一約束期間に先進国全体で1990年の排出実績に対し、約5％削減を達成することを定めた。

【参考】

①正しい。 復習 テキスト P.22

②正しい。 復習 テキスト P.22

④正しい。 復習 テキスト P.22

イ．正答…② 復習 テキスト P.142

揮発性有機化合物（VOC）は、揮発性を有し、大気中で気体状となる有機化合物の総称で、トルエン、キシレン、酢酸エチルなど多種多様な物質が含まれる。VOCは有機溶剤に含まれ、塗料やイン

ク等を扱う業種からの排出が大部分を占める。

【参考】

①正しい。 復習 テキスト P.142

③正しい。 復習 テキスト P.143

　近年、浮遊粒子状物質中でも特に粒径が細かい PM2.5 の問題が注目されている。

④正しい。 復習 テキスト P.143

ウ. 正答…③ 復習 テキスト P.43

マングローブ林は、大きな川の河口などの海水と淡水が入り混じる熱帯・亜熱帯地域の沿岸に生育する。森林と海の2つの生態系が共存し、漁業や高潮防災など、地域にとって大切な林である。

【参考】

①正しい。 復習 テキスト P.43

②正しい。 復習 テキスト P.43

④正しい。 復習 テキスト P.43

エ. 正答…④ 復習 テキスト P.45

生物濃縮とは、環境の中に放出された化学物質が、ごく微量でも食物連鎖の各段階を経るにつれて、生物の体内での蓄積量が増加していく現象である。

【参考】

①正しい。 復習 テキスト P.44

②正しい。 復習 テキスト P.44

③正しい。 復習 テキスト P.44

オ. 正答…③ 復習 テキスト P.86

集中型システムではなく、分散型システムに適している。

【参考】

①正しい。 復習 テキスト P.86

②正しい。 復習 テキスト P.86

④正しい。 復習 テキスト P.86

　再生可能エネルギーとは、自然環境の中で繰り返し補給される太陽光、風力、水力、波力・潮力、流水・潮汐、地熱、地中熱利用、温度差熱利用、雪氷熱利用、バイオマスなどのことである。

模擬 4 解答

ア．正答…③マルチステークホルダープロセス 復習 テキスト P.242

【参考】

①バックキャスティング 復習 テキスト P.28

②グリーンコンシューマー 復習 テキスト P.228

④国民運動 復習 テキスト P.71

イ．正答…①中間支援機能 復習 テキスト P.243

中間支援組織（中間支援機能）は、地域の活動拠点、交流や情報拠点としての役割、組織基盤の強化、経営支援、能力開発、商品やサービスの開発、地域のアドバイザーやコーディネーターの役割、ネットワーク構築、協働の推進役としても期待されている。

【参考】

②デジタルトランスフォーメーション促進〈テキスト外〉

　デジタル化・オープンデータ化の推進 復習 テキスト P.67

③環境教育 復習 テキスト P.188

④ディーセントワーク確保 復習 テキスト P.249

ウ．正答…④緩和策 復習 テキスト P.60

地球温暖化対策は、緩和策（mitigation）と適応策（adaptation）を柱とする。緩和策は、GHG の排出を削減して地球温暖化、気候変動の進行を抑えたり、CO_2 の吸収を促進するために森林保全対策などを推進したりすることである。一方、適応策は、気候変動の影響と考えられる、変化や異変による被害を抑えるための対策である。この緩和策と適応策は気候変動のリスクを低減し、管理するための相互補完的な戦略である。

【参考】

①適応策 復習 テキスト P.61

②スマートコミュニティ 復習 テキスト P.91

③3E＋S 復習 テキスト P.80

エ．正答…①地球温暖化対策推進法 復習 テキスト P.66、72

パリ協定の目標達成のためには、2030年までに全世界の GHG 排出量を 2017年比で 25％削減、2050年までに 2010年レベルから 40 〜

70％の削減、2100年までにゼロかそれ以下にすることが必要であり、さらに1.5℃に抑えるためには、2050年までに実質ゼロにしなければならない。こうした背景から、日本は「2050年カーボンニュートラル」の実現をめざすこととし、2021年の地球温暖化対策推進法の改正において、基本理念として定められた。

【参考】

②環境基本法　復習 テキストP.176

③循環型社会形成推進基本法　復習 テキストP.122

④気候変動適応法　復習 テキストP.61

オ．正答…③ZEH　復習 テキストP.91

ZEH（net Zero Energy House）とは、外壁の断熱性能の向上や高効率な設備システムの導入などにより大幅な省エネルギーを実現し、かつ、再生可能エネルギーを導入することにより、年間のエネルギー消費量の収支ゼロをめざした住宅のことである。ZEB（net Zero Energy Building）は、同様のビルディング。ZEV（Zero Emission Vehicle）は同様の車、ゼロエミッション車のことである。

【参考】

①ZEB　復習 テキストP.221

　net Zero Energy Building

②ZEV〈テキスト外〉

　ゼロエミッション車　Zero Emission Vehicle

④ゼロカーボンシティ　復習 テキストP.71

カ．正答…①世界自然遺産　復習 テキストP.98

世界自然遺産に登録されるためには、4つの評価基準（クライテリア）「自然美」「地形・地質」「生態系」「生物多様性」のいずれかを満たすことのほか、「完全性の条件（顕著な普遍的価値を示すための要素がそろい、適切な面積を有し、開発等の影響を受けず、自然の本来の姿が維持されていること）」を満たすことや、顕著な普遍的価値を長期的に維持できるように、十分な「保護管理」が行われていること、といった条件を満たすかどうかで判断される。

【参考】

②世界農業遺産　復習 テキストP.101

③世界文化遺産　復習 テキスト P.98

④世界産業遺産〈テキスト外〉

　　世界遺産における産業遺産について、文化庁は「『世界遺産条約履行のための作業指針』には「産業遺産」の定義は示されていないが，人類の科学技術の発展と産業活動の進展の成果を示すすべての遺産を包括していると理解してよい」としている。

キ. 正答…③パーム油　復習 テキスト P.228

　食品や洗剤等の原料となるパーム油に関わる困難な状況を改善するために、2004年にアブラヤシ生産者、消費財メーカー、銀行、NGO などによる「持続可能なパーム油のための円卓会議（RSPO）」が設立された。RSPO が認証したパーム油を使用した製品には、環境ラベルが貼付されている。

ク. 正答…②自然資本　復習 テキスト P.27

　自然環境を、生活や経済の基盤を支える重要な資本の一つとしてとらえる「自然資本」という考え方が注目されている。自然資本は、森林、土壌、水、大気、生物資源など、自然によって形成される「資本」のことで、自然資本から生み出されるフローが「生態系サービス」であるといえる。

【参考】

①グローバルストックテイク　復習 テキスト P.64

③炭素生産性　復習 テキスト P.73

④自然遺産　復習 テキスト P.98

ケ. 正答…④６月５日〈テキスト外〉

　世界環境デー（World Environment Day）の６月５日は、日本では「環境の日」とされている。そして６月を環境月間と定めている。

コ. 正答…③合流式下水道　復習 テキスト P.149

　汚水と雨水を、別々の管（汚水管と雨水管）で流す下水道を分流式下水道といい、汚水は浄化施設で処理し、雨水は直接河川へ放流する。合流式下水道のほうが分流式下水道よりも建設コストが安いが、大雨のときに汚水が溢れたり、雨水が排水できなかったりする。

【参考】

①コミュニティプラント　復習 テキスト P.148

②分流式下水道　復習 テキスト P.149
④合併処理浄化槽　復習 テキスト P.149

🍃 第7問 （各2点×5）

ア．正答…②ESG投資　復習 テキスト P.212

ESG投資とは、企業の財務面だけでなく、Environment（環境）、Social（社会）、Governance（ガバナンス）の3つの視点を含めて投融資先を判断する投資手法である。

【参考】

①グリーンボンド　復習 テキスト P.69

　環境問題へ取り組むプロジェクト（グリーンプロジェクト）への資金を調達するために発行されるボンド（bond：債券）のこと。

③CSV（共通価値の創造）　復習 テキスト P.207

　「提供する製品やサービスを通じて、社会的な問題解決に貢献する」という考え方。企業の競争戦略論で知られるマイケル・E・ポーターなどにより、CSRを発展させた新しい概念として、2011年に提唱された。

イ．正答…②国連グローバル・コンパクト　復習 テキスト P.208

国連グローバル・コンパクトは、世界最大のCSRイニシアティブといわれている（2000年に発足）。

【参考】

③メセナ活動　復習 テキスト P.207

　文化事業の主催や資金援助を行う、企業による芸術文化支援のこと。

ウ．正答…①ステークホルダー　復習 テキスト P.206

企業・行政・NPOなどの組織の利害と行動に直接的・間接的な利害関係を有する者。利害関係者ともいう。企業におけるステークホルダーには、株主・投資家、消費者、取引先、従業員、地域社会をはじめとする幅広い対象がある。

【参考】

②ソーシャルワーカー〈テキスト外〉

　医療・介護・福祉・教育などの分野・業界において、医療機関、

模擬4
解
答

介護福祉施設、学校、児童相談所、自治体などで業務に就き、支援が必要な人からの生活相談を受けて関連機関との連絡・調整を行うなど、手続きのサポートや連携しての支援をサポートする。

③ミニパブリックス　復習 テキスト P.249

無作為抽出などの方法で市民を抽出し、疑似的な「パブリック（公衆）」をつくりだす試み。

エ. 正答…②環境報告書　復習 テキスト P.214

環境コミュニケーションの代表的なツールである。ほとんどの環境報告書は企業の Web サイトで公開されており、誰でも閲覧できる形での公開が一般的になっている。

オ. 正答…③トリプルボトムライン　復習 テキスト P.207

1997 年、企業は経済面だけでなく、環境・経済・社会の 3 分野で結果を出し報告すべきとするトリプルボトムラインの考え方が提唱された。現代の CSR の基礎となるこの考えは国際企業に広く受け入れられ、2000 年前後に CSR は一気に広まった。

【参考】

①レジリエンス　復習 テキスト P.61

災害等からの防護力があるとともに、抵抗力、回復力もあること。

②GRI ガイドライン　復習 テキスト P.215

あらゆる組織がサステナビリティ報告書を作成する際に利用可能な枠組みとして、GRI ガイドラインなどがある。

🍃 第8問（各1点× 10）

ア. 正答…④　復習 テキスト P.116

近年、黄砂の頻度と被害が甚大化しており、農業生産や生活環境への影響が懸念されている。

【参考】

①粒子状物質（PM）　復習 テキスト P.143

②硫黄酸化物（SOx）　復習 テキスト P.142

③塩害　復習 テキスト P.120

イ. 正答…③ 復習 テキスト P.228

フェアトレードは、不公正な関係を改め、開発途上国の生産者や労働者の生活改善と自立をめざして、原料や製品を適正な価格で継続的に購入する公平・公正な貿易のことである。

【参考】

①ODA における環境社会配慮 復習 テキスト P.193

②JAS 認証／有機 JAS マーク 復習 テキスト P.231

④CSR 復習 テキスト P.206

ウ. 正答…② 復習 テキスト P.111

オゾン層の保護のため、1987 年に採択された。

【参考】

①南極条約 復習 テキスト P.253

③ヘルシンキ条約 復習 テキスト P.114

④フロン排出抑制法 復習 テキスト P.111

エ. 正答…② 復習 テキスト P.228

国は 2001 年に「グリーン購入法」を制定して、グリーン購入の動きを促進している。

【参考】

①デポジット制度 復習 テキスト P.186

③社会的責任投資（SRI） 復習 テキスト P.209

④緑のカーテン 復習 テキスト P.161、巻頭カラー資料Ⅲ

オ. 正答…① 復習 テキスト P.95

国際自然保護連合（IUCN）が作成する「レッドリスト」は、野生動植物の現状を知る手がかりとなる。2020 年 7 月の IUCN レッドリストでは、マツタケについて初めての評価が行われ、生育量が著しく減少しているなどとして新たに絶滅危惧種に指定した。

【参考】

②SDS（Safety Data Sheet） 復習 テキスト P.165

③マニフェスト 復習 テキスト P.131

紙マニフェストと電子マニフェストがあり、情報管理の合理化、処理システムの透明化、不適正処理等の原因究明の迅速化等の観点から、電子マニフェストの普及拡大が図られている。

模擬4 解答

④モニタリングサイト1000 **復習** テキストP.97

カ．正答…④ **復習** テキストP.85

頁岩（けつがん）のことをシェールといい、そこに含まれているガスがシェールガス。オイルであれば、シェールオイルとなる。米国が世界最大の産出国。化学物質を含む大量の水を地下に送り込むため、水質汚染が懸念されている。

【参考】

①メタンハイドレート〈テキスト外〉

可燃性ガスであるメタンガスの分子が水分子と結びついた氷状の固体である。

②LNG（液化天然ガス） **復習** テキストP.85

火力発電や都市ガスとして産業用・民生用に使用されている。

③石油 **復習** テキストP.85

ガソリン、軽油、灯油、重油など、蒸発温度の違いによって分離・精製されて使われる。液体のため、輸送や取り扱いが容易であることから、輸送用、暖房用、産業用に広く用いられている。

キ．正答…① **復習** テキストP.14

『成長の限界』は、世界の有識者で構成された民間組織ローマクラブが発表した。「人口増加と工業投資がこのまま続くと地球の有限な天然資源は枯渇し、環境汚染は自然が許容しうる範囲を超えて進行し、100年以内に人類の成長は限界点に達する」と警告したローマクラブの第1報告書である。

【参考】

②『我ら共有の未来』 **復習** テキストP.16

環境と開発に関する世界委員会（WCED）は、1982年の国連環境計画（UNEP）で日本政府が設置を提案し1984年に設立された。委員長を務めたノルウェーのブルントラント首相の名前から「ブルントラント委員会」とも呼ばれる。世界の21名の有識者により会合が行われ、その結果が1987年に報告書『我ら共有の未来』（『Our Common Future』）としてまとめられ、具体的なデータに基づき「持続可能な開発」という考え方への転換を訴えた。

③アジェンダ21（リオ宣言の行動計画） **復習** テキストP.16

④「我々の望む未来」（リオ＋20）　復習 テキスト P.17

ク．正答…②　復習 テキスト P.90

燃料電池は、自動車用、産業用、家庭用で技術開発が進んでおり、モバイル機器の電源としても注目されている。家庭向け燃料電池は業界統一名称としてエネファームと呼ばれている。

【参考】

①コージェネレーション　復習 テキスト P.91

　分散型の発電方式で、発電で発生する排熱を給温水や暖房などに利用する。熱電併給ともいわれる。

③ヒートポンプ　復習 テキスト P.90

④インバーター　復習 テキスト P.90

ケ．正答…④　復習 テキスト P.106

生態系が保たれた生物の生息空間。ビルの屋上に憩いの場として作られた小さなものから、自然公園などの大きなものまである。

【参考】

①藻場　復習 テキスト P.97

　沿岸域に存在する海藻の生い茂る場所。光合成による CO_2 の吸収などの働きをもち、「海の森」ともたとえられる。

②セーフティステーション　復習 テキスト P.241

　コンビニエンスストアを地域の安全・安心の拠点として位置づけ、「安全・安心なまちづくり」及び「青少年環境の健全化」をめざすもので、地震などの大災害時には、一時避難場所にもなる。日本フライチャイズチェーン協会が2000年に警察庁から、「まちの安全・安心の拠点」としての活動要請を受けて、コンビニエンスストアのセーフティステーション活動が始まった。

③クールスポット　復習 テキスト P.161、巻頭カラー資料Ⅲ

コ．正答…③　復習 テキスト P.222

第1次産業（農林水産物の生産）・第2次産業（加工）・第3次産業（販売）が連携する経営形態。もともとは1次＋2次＋3次で、6次産業化と呼ばれていたが、近年では、1次×2次×3次＝6次という考え方も提唱され、広まってきている。

模擬4 解答

【参考】

①協働　復習 テキスト P.240

協働による活動は、山形県長井市のレインボープラン（1988年開始）や滋賀県愛東町（現在は東近江市）の菜の花エコプロジェクト（1998年開始）など、30年以上も前から成果を上げてきた事例がある。行政、企業、市民、NPOなどが、それぞれの特性や資源を生かして協力する「協働」を推進することがより大きな効果をもたらしたといえる。

②サプライチェーン　復習 テキスト P.218

企業内外にわたって、「製品の開発」「製造部品の調達」「製品の製造」「配送」「販売」といった業務の流れを1つの「チェーン＝連鎖」として捉えるのが、サプライチェーンの考え方。そして、サプライチェーン全体の効率化や合理化を進めていくマネジメント手法を、サプライチェーンマネジメント（SCM）という。

④静脈産業　復習 テキスト外、P.123

自然から採取した資源を加工して有用な財を生産する産業を、動物の循環系になぞらえて動脈産業と呼ぶのに対して、これらの産業が排出した不要物や廃棄された製品を社会や物質循環過程に再投入するための事業を行っている産業は、静脈産業と呼ばれることがある。改訂9版のテキストに記載はないが、理解の助けとなるのはP.123の日本における物質フローの図である。この図におけるループの部分、循環利用量（235百万トン）が「静脈」であると考えるとわかりやすい。

🍃 第9問　9-1（各1点×5）

ア．正答…③目標17（パートナーシップ）　復習 テキスト P.26

イ．正答…⑥経済　復習 テキスト P.26

ウ．正答…⑨ネイチャーベースドソリューション（NbS）

復習 テキスト P.26

社会課題に効果的かつ順応的に対処し、人間の幸福および生物多様性による恩恵を同時にもたらす、自然の、そして、人為的に改変さ

れた生態系の保護、持続可能な管理、回復のための行動のこと。国際自然保護連合（IUCN）が提唱した。

エ．正答…②目標16（平和） 復習 テキストP.27

オ．正答…⑬トレードオフ 復習 テキストP.27

トレードオフとは、平たく言うと「あちらを立てれば、こちらが立たず」というような矛盾や二項対立、あるいはそれ以上の複雑な条件のもとで、いかに「適解」を編み出していくか、ということでもある。開発途上国と先進国が地球環境問題の解決に向けて異なる立ち位置でありながら議論を重ねた地球サミットや、パリ協定までの道筋を振り返ると、これまでにじつに多くの地球環境問題について、各国それぞれの問題意識を意見として表明することで、トレードオフを含むさまざまな角度からの話し合いがもたれてきたといえる。

🍃 第9問 9−2（各1点×5）

ア．正答…①歴史文化 復習 テキストP.107

イ．正答…④環境教育 復習 テキストP.107

2008年4月に施行されたエコツーリズム推進法は、自然環境の保全、観光振興、環境教育の場としての活用を基本理念としている。

ウ．正答…⑧アグリツーリズム 復習 テキストP.107

農業にふれるものをアグリツーリズムという。

エ．正答…⑬ブルーフラッグ 復習 テキストP.245

ビーチやマリーナの国際環境認証で、「水質」「環境管理」「環境教育と情報」「安全」という4カテゴリー33基準を満たすことが要件となっている。

オ．正答…⑪ステークホルダー 復習 テキストP.245

福井県高浜町の協働事例では、住民や行政、消防、事業者や学校といったステークホルダーが加わり、それぞれのノウハウや事業への具体的な関わり方を話し合い、実施していった。一人で解決することが難しい課題に3者以上が対等な立場で取り組むことを、マルチステークホルダープロセスともいう。

模擬4 解答

ア．正答…③ 復習 テキスト P.119

1992年の地球サミットで、持続可能な森林経営の理念を示した森林原則声明が採択された。その後、国連森林フォーラムが設置され、全世界の森林面積を2030年までに3％増加させるなどのターゲットを定めた国連森林戦略計画2017－2030が採択された。

【参考】

①②正しい。 復習 テキスト P.99

生物多様性条約第10回締約国会議（COP10）で、愛知目標と名古屋議定書が採択された。愛知目標は、20の個別目標のことをさしていたが、慣例的に「生物多様性戦略計画2011－2020および愛知目標」全体をさすものとして使われているため、まとめて「愛知目標」として扱われることもある。

④正しい。 復習 テキスト P.21、104

生物多様性国家戦略は、生物多様性に関する国の目標と施策方向を定めた計画であり、生物多様性国家戦略2012－2020は5番目の国家戦略となる。

イ．正答…① 復習 テキスト P.107、テキスト外

外来生物法は海外から日本に持ち込まれた生物（国外由来の外来種）に焦点を絞り、人間の移動や物流が盛んになり始めた明治時代以降に導入されたものを中心に対応している。渡り鳥、海流にのって移動してくる魚や植物の種など、生物の自然な行き来により日本にやってくる生きものは、たとえ有害であっても外来生物には含まれない。

【参考】

②③④正しい。 復習 テキスト P.107

ウ．正答…② 復習 テキスト P.194

②は、エコリュックサックという概念（テキスト外）。エコロジカル・フットプリントは、人間活動により消費する資源の再生産と発生させるCO_2の吸収に必要な生態学的資本を測定するもので、陸域と水域の面積で表される。環境への負荷量を陸域と水域の面積で表す。

【参考】

①正しい。 復習 テキスト P.194

③正しい。 復習 テキスト P.194

④正しい。 復習 テキスト P.194

　2018 年の日本の 1 人当たりのエコロジカル・フットプリントは 4.6gha（グローバルヘクタール。1 gha は、世界の平均的な生物生産力をもつ土地面積 1 ha を表す）で、世界平均 2.8gha の約 1.6 倍である。世界中の人が日本と同じ生活をすると、2.9 個分の地球が必要となるとしている。

エ. 正答…③ 復習 テキスト P.132

　不法投棄などに伴う生活環境保全上の支障の除去は、実際に投棄をした者や不適正に処理を委託した排出事業者に対して、都道府県知事が措置命令を出して行わせることが基本である。しかし、実行者などが不明だったり対応する能力がなかったりする場合、行政が税金を使って処理せざるをえないこともある。

【参考】

①②④正しい。 復習 テキスト P.132

オ. 正答…② 復習 テキスト P.143、145

　アスベスト製品の生産、使用は、現在、全面的に禁止されている。

【参考】

①③正しい。 復習 テキスト P.143

④正しい。 復習 テキスト P.145

模擬4

解

答

模擬問題5
解答・解説

🍃 第1問 （各1点×10）

ア．正答…② 復習 テキスト P.140

環境基本法（1993年制定）では、事業活動などの人の活動に伴って生ずる相当範囲の①大気の汚染、②水質の汚濁、③土壌の汚染、④騒音、⑤振動、⑥地盤沈下、⑦悪臭によって、人の健康または生活環境に関わる被害が生じることを公害と定義しており自然災害は含まれない。

イ．正答…① 復習 テキスト P.95

サンゴ礁の海は、海洋面積全体の0.2%だが、海に生息する生き物の25%がサンゴ礁とかかわって生きているとされ、サンゴ礁が「海の熱帯林」といわれるだけの生物多様性と重要性をもっていることがうかがえる。

ウ．正答…① 復習 テキスト P.51

主な金属の地上資源と地下資源の推計量をみると、すでに金や銀は地下資源よりも地上資源のほうが多いと推計されている。また、家庭で使われないまま保管（退蔵）されている製品や廃棄される製品にも、有用な資源が含まれている。

エ．正答…② 復習 テキスト P.72、219

人間活動に起因するGHGの排出量が実質ゼロであることをカーボンニュートラルという。なお、カーボンオフセットとは、日常生活や経済活動の中で生じる温室効果ガスのうち、自らの努力で削減できない分を他の場所で温室効果ガス吸収・削減を行ったり、他者からクレジットを購入したりしてオフセット（埋め合わせ）する制度である。

オ．正答…① 復習 テキスト P.89

地下のマグマなどの熱によって常時噴出する蒸気を利用して発電用のタービンを回す地熱発電には、化石燃料を用いる発電方法より、二酸化炭素の排出量が少ないというメリットもある。高温ではない温泉水の場合には、加熱してタービンを回すバイナリー発電という

方法がある。

カ. 正答…② 復習 テキスト P.185、235

経済的負担措置としては、税（環境税、炭素税、水源税など）や課徴金が典型例である。化石燃料への環境税として、地球温暖化対策が日本でも 2012 年から実施されている。

キ. 正答…② 復習 テキスト P.57

GHG（温室効果ガス）が適度にあることで、地表の平均気温は約 15℃ という生物にとって快適な気温に保たれている。しかし、GHG の濃度が高くなると地表の気温が上昇してしまうし、GHG がまったくないとマイナス 18℃ になってしまうと計算されている。

ク. 正答…② 復習 テキスト P.82

固定価格買取制度（FIT、フィードインタリフ制度）とは、再生可能エネルギー源を用いて発電された電力を、国が定める期間・価格で電力会社が買い取ることを義務づけた制度。買い取りに必要な費用は、再生可能エネルギー賦課金として電気料金に上積みして、各家庭や需要家が電気使用量に応じて負担する。2017 年からは買取価格が入札制度へと移行し、コスト抑制の取り組みが始まっている。

ケ. 正答…① 復習 テキスト P.109

ジビエの利用拡大にあたっては、2020 年 6 月に食品衛生法が改正され、ジビエの食肉処理施設において HACCP による衛生管理を義務づけ、食用に供されるジビエの安全性を確保している。

コ. 正答…① 復習 テキスト P.129

家庭ごみについては、排出抑制の徹底を目的として有料化する市区町村が増えており、環境省の調査では、2020 年度には全市区町村の 65.8％ にあたる 1,145 市区町村が生活系のごみ（粗大ごみを除く）について、有料の指定ごみ袋の導入などにより収集の手数料を徴収している。

第2問 2-1（各1点×5）

ア. 正答…① 2.5 復習 テキスト P.38

イ．正答…⑥地下水 復習 テキスト P.38

わたしたち人間を含む生物が利用できる淡水は、地下水の一部と湖沼や河川（表流水）など、ごくわずかで貴重な水である。

ウ．正答…⑧水循環 復習 テキスト P.38

エ．正答…⑩貯水池 復習 テキスト P.38

オ．正答…⑮植物プランクトン 復習 テキスト P.39

湖沼や海域などの水域に棲む生物のうち、浮遊生活を送る生物をプランクトンと呼ぶ。植物プランクトンは、葉緑体を持ち、水中のCO_2や窒素、リンなどを吸収して光合成を行っている。

🌿 第2問　2－2（各1点×5）

ア．正答…⑭陸上起因 復習 テキスト P.114

イ．正答…⑤マイクロ 復習 テキスト P.115

ウ．正答…⑨使い捨て 復習 テキスト P.114

使い捨てプラスチックとは、ペットボトル、プラスチック製買い物袋（レジ袋）、食品容器、ストロー等、通常、1回限りの使用でごみとなるプラスチック製品のこと。日本の1人当たりプラスチック製容器包装廃棄物は、アメリカに続き世界第2位(年間約32kg／人)である。

エ．正答…②G20海洋プラスチック対策実施枠組み 復習 テキスト P.115

オ．正答…③ブルーオーシャン・ビジョン 復習 テキスト P.115

2019年6月に開催されたG20大阪サミットで共有された「大阪ブルーオーシャン・ビジョン」では、2050年までに海洋プラスチックごみによる新たな汚染をゼロにすることをめざしている。海に囲まれた日本では、国際的協調も欠かせない。2019年10月に環境省が発表した「全国10地点における漂着ごみ調査の結果」によると、各調査地点で回収されたペットボトルを言語表記別に分類した結果、すべての地点で外国語表記のペットボトルが確認され、不明なものを除くと、八丈島、五島および日南では外国語表記が5割以上を占めていた。一方、函館および淡路では外国語表記の占める割合が1割以下で、稚内、根室、尻屋、遊佐および松江では日本語が6

割以上を占めていたという。外国から漂着するごみに関しては国際的な取り決めや改善も必要であり、そのためにも、国内でプラスチックの利用におけるプラスチック・スマートといった考え方や、世界トップレベルのマイルストーンを打ち立てて推進していく姿勢が重要であるといえる。

【参考】

④パブリックコメント 復習 テキスト P.197

　　2017年のシャルルボワサミットの時点では国内の体制が整わずG7海洋プラスチック憲章に署名できなかった日本だが、その後、環境大臣から中央環境審議会への諮問があったのち、パブリックコメントの機会が設けられた。その内容もふまえ、同審議会から大臣への答申を経て、2019年にプラスチック資源循環戦略が策定された。高いレベルのマイルストーンを掲げて達成を図るという考え方も、これからの環境政策のあり方として注目される。

🍃 第3問 （各1点×10）

ア．正答…①ウォーターフットプリント 復習 テキスト P.112

【参考】

②バラスト水 復習 テキスト P.114

③水資源賦存量 復習 テキスト P.112

④バーチャルウォーター 復習 テキスト P.113

イ．正答…②GAP 復習 テキスト P.222

GAP（Good Agricultural Practice：農業生産工程管理）とは、食品安全、環境保全、労働安全などの観点から、農業者が自らの生産工程をチェックし、改善する取り組みのことである。

【参考】

①6次産業 復習 テキスト P.222

③JAS 復習 テキスト P.229

　　JASは、日本農林規格（Japanese Agricultural Standards）のこと。有機JASマークは、有機食品のJAS規格に適合した生産が行われているか、第三者機関が審査・認定した事業者が生産する

模擬5 解答

農作物などに表示される。

④MEL 　復習 テキスト P.223

持続可能な水産業（漁業、養殖業、流通加工業）による水産物を認証する国際的に認められた日本発祥の環境ラベル。

ウ．正答…③目標12　持続可能な生産・消費 　復習 テキスト P.25

【参考】

①目標8　雇用 　復習 テキストカラー資料Ⅰ

②目標9　インフラ 　復習 テキストカラー資料Ⅰ

④目標13　気候変動 　復習 テキストカラー資料Ⅰ

エ．正答…④シチズンシップ教育 　復習 テキスト P.235

選挙権が18歳に引き下げられたことを背景に、学校においても主権者教育（シチズンシップ教育）が重視されはじめている。

【参考】

①三方よし 　復習 テキスト P.209

「三方よし」は江戸から明治期にかけ活躍した近江商人の経営理念を表した言葉で、「売り手よし、買い手よし、世間よし」、つまり売り手と買い手だけでなく、社会に貢献してこそ良い商売であるという考えからきている。日本企業において、CSRが比較的スムーズに受け入れられた背景として、日本に古くから商いを通じて社会に貢献するという考え方があったともいえる。

②参加型会議 　復習 テキスト P.235

環境をはじめとする社会問題に自分の意見をもち、署名活動やデモへの参加、SNSなどさまざまな形で発信していくことも政治への参加方法の一つである。

③持続可能な開発のための教育 　復習 テキスト P.28, 188

日本では、学習指導要領にESDの理念が盛り込まれ、SDGsの考え方が浸透してきている。

オ．正答…③除染措置 　復習 テキスト P.169

2011年の東日本大震災によって発生した原発事故で、放射性物質により汚染された土壌、草木、工作物等について、「放射性物質汚染対処特措法」に基づき、指定された地域において実施された。放射線の影響を受けやすい子どもの生活空間である学校や公園の除染

が最優先に行われた。農用地の除染については、農業生産を再開できる条件を回復させるという点を配慮すること、森林については住居などの近隣における措置が優先された。

カ. 正答…②パブリックコメント制度 復習 テキスト P.197

【参考】

①コンセンサス会議〈テキスト外〉

③市民パネル会議〈テキスト外〉

④情報公開制度 復習 テキスト P.197

キ. 正答…④水質汚濁防止法 関連 テキスト P.148

公共用水域及び地下水に関しては、水質汚濁防止法によって排出規制などが定められているが、全国一律の規制では十分ではないとされる湖沼や閉鎖性海域については、特別な対策がとられている。特定の湖沼については湖沼水質保全特別措置法が適用され、さらに瀬戸内海環境保全特別措置法、有明海及び八代海を再生するための特別措置に関する法律などにより、特定の海域について総合的な施策が実施されている。

【参考】

①環境基本法 関連 テキスト P.140

②湖沼水質保全特別措置法 関連 テキスト P.148

　水質汚濁防止法だけでは水質環境の保全が困難であった湖沼の水質の保全を図るために定められた。

③水循環基本法 関連 テキスト P.149

ク. 正答…③カルタヘナ議定書 復習 テキスト P.99

カルタヘナ議定書は、バイオテクノロジーにより改変された生物（LMO：Living Modified Organism）が、生物の多様性の保全及び持続可能な利用に悪影響を及ぼすことへの防止措置を定めている。日本では2004年に同議定書の円滑な実施を目的とした国内法「カルタヘナ法」が施行された。

【参考】

①京都議定書 復習 テキスト P.63

②名古屋議定書 復習 テキスト P.99

④ソフィア議定書〈テキスト外〉

模擬 5 解答

国連欧州経済委員会（UNECE）に加盟する 25 カ国が 1988 年窒素酸化物の排出削減について署名した議定書。

ケ．正答…①自然再生推進法 　復習 テキスト P.106

同法に基づく自然再生協議会は、2022 年 3 月末時点で全国で 27 カ所となっている。

【参考】

②自然公園法 　復習 テキスト P.105

優れた自然の風景地を保護及び利用するため、自然公園を制定。国立公園、国定公園、都道府県立自然公園の 3 種類に体系化した。自然公園は、脊梁山脈を中心に国土の約 14.8％を占め、生物多様性の保全の屋台骨としての役割を担っている。自然環境保全法に基づく自然環境保全地域などとは、自然環境の保護及び利用増進を図ることを目的としている点が異なる。

③自然環境保全法 　復習 テキスト P.105

自然環境の保全に関する基本的事項及び自然環境保全地域制度などを定めた法律。

④景観法〈テキスト外〉

日本の都市、農山漁村等における良好な景観の形成を促進するための法律。

コ．正答…②ワーケーション 　〈テキスト外〉

ワークとバケーションを組み合わせた造語。普段の職場とは違う、自然の豊かな土地やリゾート地、観光地などでリモートワークなどで仕事を行いつつ、休暇も取得すること。一週間程度の体験型のワーケーションのほか、長期滞在や二地域居住などといったスタイルも含まれる。

【参考】

①スローライフ〈テキスト外〉

スピードや効率を過剰に意識するのではなく、ゆったりとした生活の質を大切にしようというライフスタイル。同様の言葉に、ファストフードに対しての、スローフードがある。

③ロハス〈テキスト外〉

ロハス（LOHAS）とは、Lifestyles of Health and Sustainability

の頭文字をとった略語で、健康と持続可能な社会を心がける、さまざまなライフスタイル（Lifestyles）のことを意味する。

④グリーントランスフォーメーション〈テキスト外〉

先端技術による地球温暖化対策などによって、環境保護と産業・経済の成長を両立していくことをめざす考え方。デジタルトランスフォーメーション（DX）から派生した言葉であり、GX と略すこともある。

🍃 第4問 （各1点×10）

ア．正答…⑳貧困 復習 テキスト P.25

あらゆる場所のあらゆる形態の貧困を終わらせることを、第一に掲げている（目標1）。SDGs は、貧困の撲滅など発展途上国の状況改善を念頭に置いての国際社会の 2015 年までの共通目標であった MDGs の後継として議論されたのが端緒である。そして、先進国・発展途上国を含むすべての国、世界を意識したものに広がり、普遍的な内容となった。

イ．正答…⑱飢餓 復習 テキスト P.25

飢餓を終わらせ、食糧安全保障及び栄養改善を実現し、持続可能な農業を促進する、としている（目標2）。

ウ．正答…㉑トレードオフ 復習 テキスト P.27

一方の利益が、もう一方の不利益となるというように、両立できない関係にあること。ただし、アイデアや技術革新などによって新たな解が見つかれば、トレードオフの関係ではなくなり、両立できる場合もある。SDGs の場合は、複数の目標が互いに影響し合うことから、ある取り組みを導入したときに、どの目標にどのような成果や影響があるかなど、複数の視点から考えることが望ましいといえる。

エ．正答…③エンパワーメント 復習 テキスト P.25

ゴール5の「ジェンダー平等」には、「全ての女性及び女子のエンパワーメントを行う」とある。内閣府男女共同参画局男女共同参画推進連携会議では、女性のエンパワーメントとは「女性が個人としても、社会集団としても意思決定過程に参画し、自律的な力をつけ

模擬5 解答

259

て発揮すること」としている。

オ. 正答…⑦海洋ごみ 復習 テキストP.115

海洋ごみのなかでも、特に「海洋プラスチック」と呼ばれる、海に流れ込んだプラスチックごみの漂流、漂着が問題となっている。環境省は「海洋プラスチック問題」の現状として、生態系を含めた海洋環境への影響、船舶航行への障害、観光・漁業への影響、沿岸域居住環境への影響をあげており、近年、海洋中のマイクロプラスチック、すなわち5mm以下の微細なプラスチックごみが生態系に及ぼす影響が懸念されている、としている。

カ. 正答…②包摂性 復習 テキストP.26

SDGsの前身であるMDGsでは、母子保健の促進など未達成の課題も残った。その反省や教訓を踏まえての包摂性である。なお、日本は2017年に国連本部で開催された「持続可能な開発のためのハイレベル政治フォーラム（HLPF）」において「市民社会として、誰一人取り残さない、多様性と包摂性のある社会の実現を日本と世界の両方で目指していく」と表明しており、今後、いかに実体化して現実の不平等や格差を是正、変革していくかが問われている。

キ. 正答…⑫Peace（平和） 復習 テキストP.25

SDGsでは、持続可能な社会の重要な要素である5つのP（People（人間）、Planet（地球）、Prosperity（繁栄）、Peace（平和）、Partnership（パートナーシップ））が掲げられている。

ク. 正答…⑮文部科学省と環境省 復習 テキストP.189

文部科学省と環境省は、ESD活動支援センターと地方ESD活動支援センターを設置し、地域ESD活動推進拠点と連携して、ESD推進ネットワークの形成に努めている。その目的は、持続可能な社会の実現に向け、ESDに関わる多様な主体が、分野横断的に、協働・連携してESDを推進することにある。それには、ESDを広げ、深めることを通じて、地域の諸課題の解決と教育の質の向上、SDGsの達成に向けての人づくりを行うことも念頭に置かれている。

ケ. 正答…㉖デジタルトランスフォーメーション 〈テキスト外〉

いわゆる「DX」のこと。部分的、局所的なIT化だけでなく、プロセスのデジタル化や、そこからの価値創造を含む、社会的な影響

や変革を意味している。

コ. 正答…㉗地域循環共生圏 復習 テキストP.20、246

各地域が美しい自然景観などの地域資源を最大限活用しながら自立・分散型の社会を形成しつつ、地域の特性に応じて資源を補完し、支え合うというモデル。

🌿 第5問 （各2点×5）

ア. 正答…④レインフォレストアライアンスマーク

復習 テキストP.229、119、カラー資料Ⅷ

設問の文章はレインフォレストアライアンスマークの説明である。この図はFSC認証マークである。

【参考】

①有機JASマーク　関連 テキストP.229

②ASC認証　関連 テキストP.229

③PCリサイクルマーク〈テキスト外〉

① 　② 　③

イ. 正答…③ 復習 テキストP.21

RE100は、使用する電力を100％再生エネルギーで賄うことを目指す国際的なイニシアティブである。

ウ. 正答…② 復習 テキストP.110

フロンは化学的な安定性や無毒性など優れた性質を持っているため、冷蔵庫やエアコンの冷媒や断熱材用の発泡剤などに使われてきた。

【参考】

①正しい。関連 テキストP.110

③正しい。復習 テキストP.56

④正しい。関連 テキストP.111

エ. 正答…③ 復習 テキストP.126

有害廃棄物の越境移動への対策として定められたのは、ワシントン条約ではなくバーゼル条約である。

①②④正しい。 関連 テキスト P.127

オ. 正答…④ 復習 テキスト P.238

ソーシャルビジネスは、無償の奉仕を前提としたボランティアとは異なり、事業を通して利益を得ることを目的にしている。特に、NPO 法により、認定 NPO 法人には活動の影響力や持続性を高めるマネジメントが求められるようになった。収入も、会費や事業収入、行政からの業務受託、行政や財団からの補助金・助成金、企業や個人からの寄付など多様化している。

🍃 第6問 （各1点× 10）

ア. 正答…④エコロジカル・フットプリント 復習 テキスト P.194

【参考】

①人間開発指数（HDI） 復習 テキスト P.194

②資源生産性 復習 テキスト P.124

③国民総幸福量（GNH） 復習 テキスト P.250

イ. 正答…④硝酸性窒素・亜硝酸性窒素 復習 テキスト P.147

【参考】

①揮発性有機化合物（VOC） 復習 テキスト P.142

②カドミウム 復習 テキスト P.146

③重金属 復習 テキスト P.146

ウ. 正答…②ミスト（霧状の水）の噴霧 復習 テキスト P.161

【参考】

①③④は適応策ではなく緩和策である。 復習 テキスト P.161

エ. 正答…①WEEE 指令 復習 テキスト P.216

【参考】

③EuP 指令とは、エネルギーを使う製品にデザインや設計段階における環境配慮を求める EU の規制のことである。〈テキスト外〉

オ. 正答…④3R＋Renewable 復習 テキスト P.115、125

3R＋Renewable とは、Reduce, Reuse, Recycle に加えて、再生可能資源の利用により、廃棄物の発生防止、循環利用を図ることである。

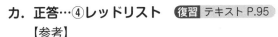

カ．正答…④レッドリスト 復習 テキスト P.95

【参考】

②グリーンペーパー〈テキスト外〉

気候変動枠組条約 COP 1 で、インドを中心とした産油国以外の途上国が結成した「グリーン・グループ」が提出した文書のこと。

③イエローブック〈テキスト外〉

CD-ROM の規格に関する仕様書。名称は表紙の色に由来する。

キ．正答…②LCA 復習 テキスト P.218

【参考】

①ESD 復習 テキスト P.188

③NDC 復習 テキスト P.72

④ODA 復習 テキスト P.193

ク．正答…②奄美大島・徳之島・沖縄島北部及び西表島
復習 テキスト P.98

ケ．正答…②産業部門（工場など） 復習 テキスト P.69

コ．正答…①複層ガラス 復習 テキスト P.91

🍃 第7問 （各2点×5）

ア．正答…③ 復習 テキスト P.61

設問の内容は民生部門における緩和策である。このほか、社会システムにおける緩和策としては、排出量取引・炭素税などのカーボンプライシングの導入、ESCO 事業の推進、政府の実行計画、国民運動の展開などがあげられる。

イ．正答…④COOL CHOICE 復習 テキスト P.71

省エネ・低炭素型の製品やサービス、行動などの「賢い選択」を促す国民運動。従来からのクールビズに加えて、2015 年に開始された。

【参考】

①ナッジ 復習 テキスト P.71

行動科学の知見の活用により、自発的により良い選択を取れるように手助けする政策手法（環境省 HP）。

②チーム・マイナス6％〈テキスト外〉

模擬5 解答

2005 年から 2009 年までの間、国民運動として広く展開されていた。削減割合は京都メカニズムクレジットなどを加味してマイナス 8.7％となり、1990 年比マイナス 6 ％の目標は達成された。（参考 P.63）

ウ．正答…② 復習 テキスト P.61

熱中症の予防法の普及啓発などは健康の対策部門である。国民生活・都市生活の対策部門では、インフラ、ライフライン（水道・発電所など）の強靱化、港湾等の事業継続計画（BCP）の策定などがあげられる。損害保険などの取り組みは産業・経済活動であり、渇水対策のタイムラインの策定などは水環境・水資源の分野である。

エ．正答…③ロスアンドダメージ 復習 テキスト P.64

海面上昇の危機に瀕している島しょ国を中心とする途上国が、損失・被害の救済のための国際的な仕組みをつくるべきだと主張してきたことが背景にある。

オ．正答…②アメリカ 復習 テキスト P.64

アメリカのトランプ大統領（当時）は 2017 年 6 月にパリ協定からの離脱を表明した。規定では発効から 3 年間、つまり 2019 年 11 月までは脱退通告ができないことになっていたため、2019 年 11 月に離脱の手続きを正式に開始した。その 1 年後の 2020 年 11 月に離脱となったが、バイデン大統領は速やかな復帰を果たしている。

🍃 第8問 （各 1 点× 10）

ア．正答…④ 復習 テキスト P.91

電力のスマートメーターなどの通信・制御機能を活用して、送電調整のほか時間帯別など多様な電力契約などを可能にする電力網がスマートグリッドである。

【参考】

①シェアサイクル 復習 テキスト P.233

②スマートムーブ 復習 テキスト P.233

③ITS 復習 テキスト P.159

イ. 正答…② 復習 テキスト P.51

【参考】

①メセナ活動 復習 テキスト P.207

　企業による社会貢献活動自体は、1980 年代にフィランソロピーと呼ばれており、活発な動きが見られていた。

③CSV（Creating Shared Value／共通価値の創造） 復習 テキスト P.207

④都市鉱山 復習 テキスト P.51

ウ. 正答…④ 復習 テキスト P.106

重要地域の保全、生物の生態特性に応じた生息・生育空間のつながりや、適切な配置が確保されていること。生態系ネットワークはエコロジカルネットワークとも呼ばれ、生息地を保護林でつないで「緑の回廊」をつくることも自然再生の推進につながる。

【参考】

①NPO 復習 テキスト P.237

②生態系サービス 復習 テキスト P.93

③生態系の多様性 復習 テキスト P.92

エ. 正答…③ 復習 テキスト P.124

循環基本計画においては、2025 年度に向けた計画の目標として、資源生産性、循環利用率、最終処分量の 3 つの項目について目標を定めている。

【参考】

①リサイクル率 復習 テキスト P.125

　一般廃棄物のリサイクル率は、市区町村などによる再資源化が進み、20％程度で推移している。

②循環利用率 復習 テキスト P.183

④化学的酸素要求量（COD） 復習 テキスト P.147

オ. 正答…② 復習 テキスト P.91

ESCO 事業の 2019 年の市場規模は 486 億円にのぼっている。

【参考】

①ESG 投資の投資先 復習 テキスト P.212

③クレジット 復習 テキスト P.219

④民間資金等活用事業（PFI） 復習 テキスト P.241

模擬5 解答

カ. 正答…②　復習 テキストP.116

黄砂が大量に飛来してSPMの環境基準を超過することもある。黄砂は長距離越境移動の代表的な物質の一つであり、克服には国際的な取り組みが求められる。

【参考】

①浮遊粒子状物質（SPM）　復習 テキストP.143

　粒子状物質のうち、粒子が10μm以下のものを浮遊粒子状物質という。

③硫黄酸化物（SOx）　復習 テキストP.142

　呼吸器系の疾患（慢性気管支炎、気管支ぜんそくなど）を引き起こすおそれがある。

④塩害　復習 テキストP.120

　灌漑不足の土地などで生じる、地表付近で塩分が凝結し、土地の塩分濃度が上昇してしまう現象。

キ. 正答…②　復習 テキストP.126

正式名称は「有害廃棄物の国境を越える移動及びその処分の規制に関するバーゼル条約」である。先進国の有害廃棄物が発展途上国に持ち込まれ、処理技術の未熟さや体制が不十分であることから適正な処理がされず、環境に悪影響を与えていたことから、国際的な対策として定められた。

【参考】

①ヘルシンキ条約　復習 テキストP.114

　バルト海沿岸9か国及びEUが締約国となり、有害物質の排出等を規制している。

③ロンドン条約　復習 テキストP.114

　海洋での廃棄物の投棄を禁止している。

④マルポール条約　復習 テキストP.114

　「船舶などからの有害液体物質などの排出の規制に関するマルポール条約」のこと。

ク. 正答…③　復習 テキストP.210

環境省がガイドラインを策定している。

【参考】

①CASBEE 　復習 テキストP.221

環境品質と環境負荷、環境性能効率の３つの観点から評価する制度。エネルギーや環境負荷の少ない資機材の使用などの環境配慮や、室内の快適性や景観への配慮なども含めた建物の品質を総合的に評価する。

②ISO26000 　復習 テキストP.206

④ISO14001 　復習 テキストP.210

EMS の国際規格として ISO（国際標準化機構）により発行された。日本国内でも多くの企業が全社または事業所などの範囲で認証を受け、継続的改善に取り組んでいる。

ケ. 正答…③ 　復習 テキストP.222

コンポストとは家庭の生ごみなどから堆肥を作ること。こうした有機肥料による化学肥料の低減や化学合成農薬の使用の低減、地球温暖化防止や生物多様性保全等に取り組む農業者の組織する団体等を支援する制度として、環境保全型農業直接支払制度が実施されている。

【参考】

①生産緑地 〈テキスト外〉

市街化区域内にある農地等で、公害や災害の防止、農林漁業と調和した都市環境の保全などの良好な生活環境の確保に効用があり、かつ、公共施設などの敷地の用に供する土地として適していて、500 平方メートル以上の規模であり、用水・排水その他の状況から、農林漁業の継続が可能な条件を備えているところという条件がある。

②ビオトープ 　復習 テキストP.106

ドイツ語で、生物を表す「ビオ」と、場所を表す「トープ」からできた造語。

④活性汚泥法 　復習 テキストP.148

コ. 正答…④ 　復習 テキストP.228

環境や社会的公正に配慮し、倫理的に正しい消費やライフスタイルはエシカル消費（倫理的消費）とも呼ばれている。SDGs の認知が

模擬5 解答

高まるとともに、エシカル消費への社会の関心が高まりつつあり、消費者庁もその普及に取り組んでいる。

【参考】

①ODA における環境社会配慮　復習 テキスト P.193

②フェアトレード　復習 テキスト P.228

③CSR　復習 テキスト P.206

🍃 第9問　9−1　（各1点×5）

ア．正答…①製品のライフサイクル　復習 テキスト P.216

製品は、製品のライフサイクルの各段階で多くの天然資源、エネルギーを使用している。

イ．正答…②ライフサイクルアセスメント　復習 テキスト P.218

多くのメーカーがライフサイクルアセスメント（LCA）を活用して製品の環境負荷の低減やコスト削減などに役立てている。

ウ．正答…⑨走行　復習 テキスト P.218

エ．正答…⑬エコリーフマーク　復習 テキスト P.219

エコリーフマークは LCA 手法を用いての定量的な環境負荷情報を開示するものである。

オ．正答…⑮カーボンフットプリント　復習 テキスト P.219

消費者に対して製品の環境負荷を「見える化」する仕組み。製品ライフサイクル全体の CO_2 排出量の算出に、LCA の手法が利用されている。

【参考】

③戦略的環境アセスメント　復習 テキスト P.191

　　事業実施前の意思形成段階において、政策や計画・プログラムを対象に、環境影響を予測評価し、その結果を政策等の意思決定に反映させていく手続き。

⑭サプライチェーンマネジメント　復習 テキスト P.218

　　環境配慮設計に加え、原料の調達から販売までのサプライチェーンで情報を共有し、全体の最適化を行うサプライチェーンマネジメント（SCM）で業務改善や環境改善を行う例もある。

⑯エコロジカル・フットプリント　復習 テキスト P.194

　人間活動により消費する資源の再生産と発生させる CO_2 の吸収に必要な生態学的資本を測定するもので、陸域と水域の面積で表される。

🍃 第9問　9−2　（各1点×5）

ア．正答…②自然環境　復習 テキスト P.107

エコツーリズムには、自然環境や歴史文化を対象としたもの、その両方を組み入れたものも多い。

イ．正答…④環境教育　復習 テキスト P.107

従来の体験型環境教育では、自然の中でのアウトドア活動、社会や地域との交流、歴史や文化、行事などへの参加が行われてきた。それらの機会は観光にも転用できるものがあり、また、逆に観光資源から環境教育へと落とし込めるものもある。

ウ．正答…⑧グリーンツーリズム　復習 テキスト P.107

農家民宿への旅行や、都市農村交流なども含まれる。グリーンツーリズムという言葉には、農村に滞在して長期休暇（バカンス）を過ごすというヨーロッパの文化を新たな余暇のスタイルとして広めたいという期待もあった。

エ．正答…⑨ブルーツーリズム　復習 テキスト P.107

漁村での暮らし、体験を通して、理解を深めるのがブルーツーリズムである。

オ．正答…⑫まちおこし　復習 テキスト P.107

地域資源を保護し、産業として振興していくには、エコツーリズムの考え方も基盤として役立つ。地域人材を専門ガイドとして組織化するなど、迎える側としての地域の活性化、まちおこしにもつながる。

【参考】

⑪地域循環共生圏　復習 テキスト P.246

　地域循環共生圏について、循環基本計画では、循環資源、再生可能資源、ストック資源を活用し、地域の資源生産性を向上させることや、災害に強いコンパクトで強靭なまちづくりをめざすとし

模擬5 解答

ている。また、各地域が強みを活かすうえで、エコツーリズムや
自然保全活動への参加も、人材の活用・提供につながる。

🍃 第10問 （各2点×5）

ア．正答…④ 　復習 テキストP.171

不法投棄ではなく、災害廃棄物と放射性物質で汚染された廃棄物に
共通する問題。いずれも広範囲で、同時に大量の廃棄物が生じるた
め、平時の廃棄物の処理にも影響がある。廃棄物や津波堆積物、除
染土壌などを一時的に保管する仮置き場や、これらの処理・処分施
設の立地場所の問題があり、用地の確保や立地選定は東日本大震災
の重要な教訓である。

イ．正答…③ 　復習 テキストP.185

常に環境影響のレベルを測定している必要があるため、施行に要す
る費用は行為規制よりも高くなる。

ウ．正答…② 　復習 テキストP.180

源流対策原則の説明ではなく予防原則の説明になっている。

エ．正答…② 　復習 テキストP.191

規模が大きく、環境影響が著しいものとなるおそれがある事業を第
一種事業と定め、環境アセスメント手続きの実施を義務づけている。
第一種事業に準ずる第二種事業は、個別の事業や地域の違いを踏ま
えて、アセスメントを実施するかどうかのスクリーニング（ふるい
分け）を行う。

オ．正答…④ 　復習 テキストP.128

企業などの事業活動に伴って生じた廃棄物のうち、法令で定められ
た20種類のものと輸入された廃棄物を「産業廃棄物」という。

【参考】

①　復習 テキストP.128

爆発性、毒性、感染性そのほかの人の健康または生活環境に関わ
る被害を生じるおそれのある有害な廃棄物は、特別管理廃棄物と
して廃棄物処理法の対象となっている。

無塩素漂白（ECF）パルプを使用しています。

表紙にアートポスト、本文にメヌエットホワイト、カバーにミューコートネオスを使用しております。

2024年版 環境社会検定試験® eco検定公式問題集

2007 年 3 月 1 日	初版第 1 刷発行
2024 年 4 月 30 日	2024 年版第 1 刷発行
2024 年 10 月 25 日	第 3 刷発行

監 修 者──東京商工会議所

　　　　　©2024 The Tokyo Chamber of Commerce and Industry

発 行 者──張 士洛

発 行 所──日本能率協会マネジメントセンター

〒 103-6009 東京都中央区日本橋 2-7-1　東京日本橋タワー

TEL　03（6362）4339（編集）／ 03（6362）4558（販売）

FAX　03（3272）8127（編集・販売）

https：//www.jmam.co.jp/

装　　丁 ────────	冨澤　崇（EBranch）
本文 DTP ────────	株式会社森の印刷屋
印刷所 ────────	シナノ書籍印刷株式会社
製本所 ────────	東京美術紙工協業組合

ISBN 978-4-8005-9188-3　C3051

落丁・乱丁はおとりかえします。

PRINTED IN JAPAN

改訂9版
環境社会検定試験® eco検定
公式テキスト

東京商工会議所　編著
B5判　288頁

　本書は唯一の公式テキストであり、より広い視野と正確な理解が求められる昨今の環境へのアプローチについて、改めて整理し直し、基本知識と基本情報をわかりやすく解説しました。2023年度以降の試験対策に向けて学習する人をはじめ、地球環境に関心のあるすべての人に最適な1冊です。

日本能率協会マネジメントセンター